中国城市地下空间发展蓝皮书（2016）

BLUE BOOK OF UNDERGROUND SPACE DEVELOPMENT IN CHINA

南京慧龙城市规划设计有限公司
中国岩石力学与工程学会地下空间分会 编著

内 容 提 要

2016年是中国"十三五"的第一年，这一年，以地铁为主导的快速轨道交通系统、以综合管廊为主导的市政基础设施系统的发展速度和规模已居于世界之"巅"。这为正处于"城镇化快速发展，地下基础设施建设滞后"时期的中国的城市建设和地下空间产业化发展提供了腾飞的契机。

本书旨在"全方位、全领域"系统地展示2016年中国城市地下空间发展水平，内容涵盖开发建设、轨道交通、综合管廊、规划设计等行业与市场，以及地下空间法治体系、科研成果、技术装备、学术交流、地下空间灾害事故等方面，为关注城市地下空间发展研究的社会各界提供一份切实可用的，集地下空间建设发展、市场前景、学术成果、智力资源、信息数据于一体的指南。

较前版丛书，构建地下空间产业新体系，着重关注综合管廊在全国各地区及各城市发展动态，剖析我国大规模推进基础建设存在的主要问题。

本书适合从事城市地下空间开发利用的政府主管部门人员、规划设计和施工技术人员以及科研人员阅读使用。

图书在版编目(CIP)数据

中国城市地下空间发展蓝皮书. 2016 / 南京慧龙城市规划设计有限公司，中国岩石力学与工程学会地下空间分会编著. —上海：同济大学出版社，2019.12

ISBN 978-7-5608-8362-5

Ⅰ. ①中… Ⅱ. ①南… ②中… Ⅲ. ①城市空间—地下建筑物—研究报告—中国—2016 Ⅳ. ①TU92

中国版本图书馆CIP数据核字(2018)第300702号

中国城市地下空间发展蓝皮书(2016)

南京慧龙城市规划设计有限公司　中国岩石力学与工程学会地下空间分会　**编著**

责任编辑　马继兰　**责任校对**　徐春莲　**封面设计**　陈益平

出版发行　同济大学出版社　www.tongjipress.com.cn

(地址:上海市四平路1239号　邮编:200092　电话:021-65985622)

经　销　全国各地新华书店、建筑书店、网络书店

排　版　南京文脉图文设计制作有限公司

印　刷　上海安枫印务有限公司

开　本　787 mm×1092 mm　1/16

印　张　11.75

字　数　293 000

版　次　2019年12月第1版　2019年12月第1次印刷

书　号　ISBN 978-7-5608-8362-5

定　价　168.00元

本书若有印装质量问题，请向本社发行部调换　版权所有　侵权必究

主　　编　陈志龙

执行主编　刘　宏

执行副主编　张智峰

编撰组成员　张智峰　唐　菲　王海丰
常　伟　田　野　肖秋凤
曹继勇　陈家运　沃海涛

前　　言

2016年，中国城市地下空间的开发数量快速增长，地下交通、市政等基础设施高强度高速度建设，带动相关产业和技术领域不断创新，我国的地下空间产业发展和科技水平不断提高，地下空间体系日趋完善，已经成为领军国际地下空间产业不断创新发展的大国。

本书以快速城镇化背景下城市地下空间发展为研究对象，通过数据分析、整理和梳理，全景式剖析当前我国城市地下空间发展所涉及的领域，以及对这些领域的影响深度，揭示新时期城市地下空间发展脉络和趋势，为城市的可持续发展和地下空间资源永续利用提供新的研究方向。

目　录

2016 年地下空间大事记

·1 月·

22 日

住房和城乡建设部发布《城市综合管廊国家建筑标准设计体系》。

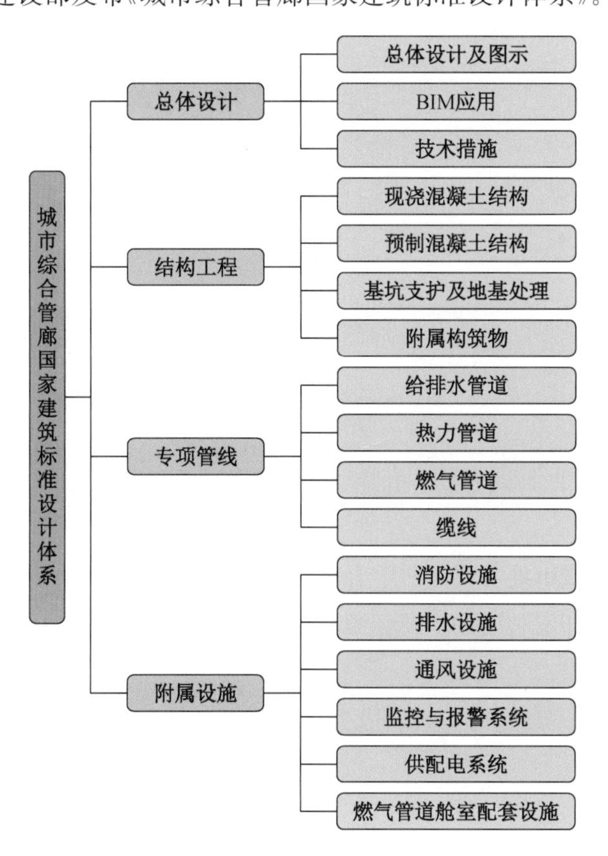

·3 月·

1 日

《安徽省城市地下空间暨人防工程综合利用规划编制导则》(DB34/T 5038—2015)

实施。这是全国第一个城市地下空间规划和人防工程规划融合编制导则，也是第一个指导城市地下空间规划和人防工程规划融合编制的省级地方标准。

·4月·

14日

住房和城乡建设部建立全国城市地下综合管廊建设信息周报制度。

21日

国家财政部、住房和城乡建设部通过评审选取15个2016年全国地下综合管廊试点城市——郑州、广州、石家庄、四平、青岛、威海、杭州、保山、南宁、银川、平潭、景德镇、成都、合肥、海东。

·5月·

13日

第七次全国人民防空会议在北京举行。会议提出把人防工程作为地下空间开发利用的重要载体，更好地发挥地下资源潜力，形成平战结合、相互连接、四通八达的城市地下空间。

18日

福州地铁1号线一期南段开通载客试运营，成为我国第28个开通运营城市轨道交通（不含有轨电车，下同）的城市。

25日

住房和城乡建设部颁布《城市地下空间开发利用"十三五"规划》（以下简称《规划》）。

《规划》以促进城市地下空间科学合理开发利用为总体目标，首次明确了"十三五"期间城市地下空间开发利用的主要任务和保障规划实施的措施。

27日

东莞轨道交通2号线开通运营，成为我国第29个开通运营城市轨道交通的城市。

·6月·

21日

《城市地下空间内部环境设计标准》发布。该标准由中国人民解放军陆军工程大学和中国建筑标准设计研究院有限公司等单位编制，经审查批准，自2016年10月1日起施行。

27 日

南宁 1 号线东段开始载客试运营，南宁成为中国第 30 个开通运营城市轨道交通的城市。

·7 月·

7 日

在国务院常务会议上，针对湖南岳阳城中村内涝指出，内涝凸显了城市建设中突出的“短板”，地下管廊是典型的公共服务，是目前城市建设中突出的“短板”，一定要调动起社会资本参与建设的积极性。

·8 月·

9 日

隧道掘进机制造基地在大连成立。基地的建设是深耕区域市场、强化产业链条的重要举措，为区域装备制造业及地下空间开发发挥积极作用，并将推动区域地下空间的综合开发。

16 日

《住房和城乡建设部关于提高城市排水防涝能力推进城市地下综合管廊建设的通知》发布。

这是落实加快城市地下综合管廊建设、补齐城市防洪排涝能力不足“短板”的具体措施。

26 日

《2015 年中国城市地下空间发展蓝皮书》出版发行。该书由南京慧龙城市规划设计有限公司与中国人民解放军陆军工程大学（原解放军理工大学）联合编撰，中国城市规划学会、中国岩石力学与工程学会地下空间分会同步发布。

·9 月·

1 日

国土资源部发布《国土资源“十三五”科技创新发展规划》。该规划明确了未来五年国土资源科技创新发展的总体思路、发展目标、主要任务和重大举措，提出“十三五”期间，我国将向地球深部进军，全面实施深地探测、深海探测、深空对地观测战略，争取至 2030 年成为地球深部探测领域的“领跑者”。

8日

武汉光谷中心城中轴线区域浇筑第1根桩基，标志着光谷中心城地下空间一期全线开工。

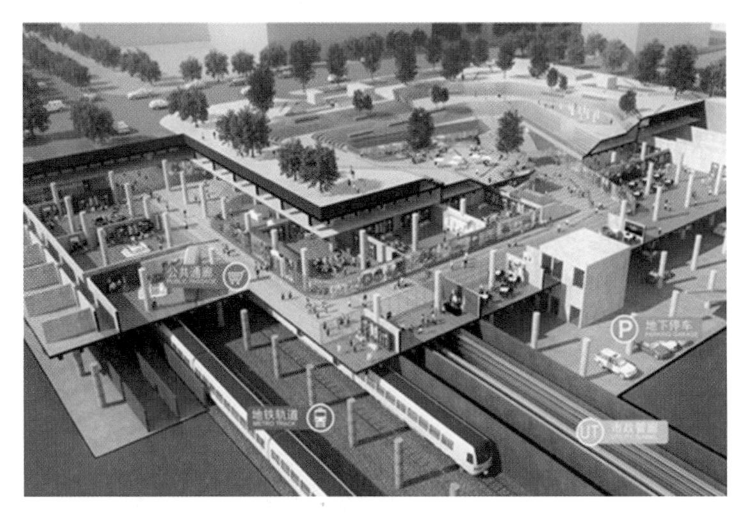

光谷中心城地下空间节点效果图

（图片来源：人民网—湖北频道）

24～25日

“2016中国城市地下空间＋综合管廊＋海绵城市新理念新技术国际论坛”在北京举办。会议及时交流总结我国试点省市在综合管廊、海绵城市及地下空间规划设计建设施工与运营管理等方面的最新成果，解析国家最新政策及产业发展方向，为走出一条中国特色的城市更新再造之路贡献智慧。

2016中国城市地下空间＋综合管廊＋海绵城市新理念新技术国际论坛

（图片来源：https://www.gongchengbing.com/article/675；http://blog.sina.com.cn/s/blog_15b58c5e70102wi38.html）

· 10 月 ·

8 日

《国家发展改革委关于加快美丽特色小(城)镇建设的指导意见》发布,在“完善功能,强化基础设施新支撑”中鼓励有条件的小城镇开发利用地下空间,提高土地利用效率。

· 11 月 ·

10 日

第四次全国人防与地下空间大会暨地铁人防建设管理与技术研讨会在北京召开。

22～25 日

2016 年,中国国际工程机械、建材机械、工程车辆及设备博览会在上海举办,这是中国及亚洲顶级的工程机械行业盛会。

中国铁建重工集团等单位携多款高端地下装备参展。

展会现场

(图片来源:http://www.b-china.cn/trade-fair/press/statements/)

25 日

《地下空间探测与安全利用实施方案》进行初审和研讨。

“地下空间探测与安全利用”是“地球深部探测”重大科技项目八大任务之一,该方案初步建立我国城市地质调查技术方法体系和技术标准体系,为地下空间探测与安全利用奠定了基础并在上海、武汉、成都三市开展调研,开启我国地下空间深地利用研究,加快推进“向地球深部战略”实施。

·12月·

5日

深圳地铁9号线正式开通运营，这是中国首条全线采用预埋滑槽技术的地铁线路。

深圳地铁9号线创新使用预埋滑槽技术

（图片来源：深圳地铁网）

7日

中国首台带动力地铁隧道冲洗车下线并投入市场。其采用高压雾化降尘和低压冲洗相结合的技术，实现了地铁隧道的全断面清洁，填补了国内行业空白。

15日

长春市颁布《长春市城市地下空间开发利用管理条例》，成为我国继天津、上海之后第三个颁布有关城市地下空间开发利用地方性法规的城市。

20日

2016年，城市地下综合管廊开工建设任务全面完成。

全国147个城市28个县已累计开工建设城市地下综合管廊2 005 km，全面完成了《政府工作报告》中“开工建设城市地下综合管廊2 000 km以上”的年度目标任务。

25日

第七届全国“城市地下空间工程”专业建设研讨会在郑州市郑州大学举行。该会议由中国岩石力学与工程学会主办，成立了城市地下空间工程专业建设工作委员会。

26 日

合肥轨道交通 1 号线开始运营，成为安徽省首个开通城市轨道交通的城市，长三角地区第 7 个运营的城市，我国第 31 个城市开通运营城市轨道交通。

28 日

中国建筑学会地下空间学术委员会正式成立。

30 日

第八批全国工程勘察设计大师评选结果公布，中国岩石力学与工程学会地下空间分会理事长、中国人民解放军陆军工程大学陈志龙教授当选。

中国第一个人防工程和地下空间领域的大师，其成功当选将对人防工程和地下空间发展起到积极推动作用。

2016 年中国之最

亚洲最长地铁站——深圳平湖中心站

亚洲最长地铁单体车站——深圳地铁 10 号线平湖中心站于 2016 年 4 月 10 日开工建设。

平湖中心站为上下两层的岛式结构，采用明挖法施工，设计深度达到 22 m，设计总长度 710 m。①

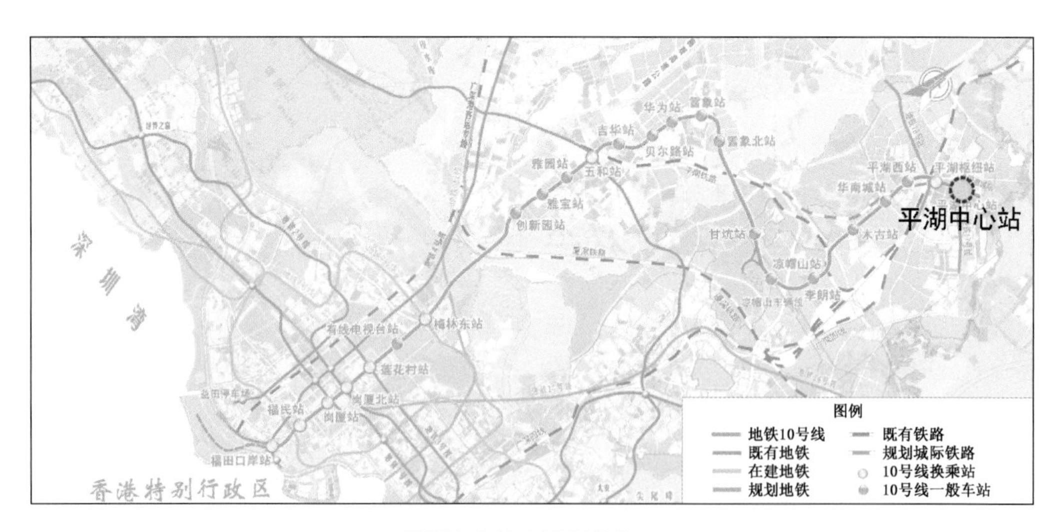

平湖中心站在深圳的位置

地铁车站建设超长主要原因如下：

首先，充分为未来地铁换乘预留。考虑到车站未来周边商业、物业的整体开发，地铁运量至少增加 20%，为新增地铁预留换乘条件，可减轻客流压力。

其次，深圳 10 号线设计为 8 节车厢编组，比现在中国地铁普遍使用的 6 节车厢编组

---

① 齐中熙，李波. 我国开工建设亚洲最长地铁车站 http://www.gov.cn/xinwen/2016-04/10/content_5062814.htm 中国政府网，www.gov.cn 2016-04-10.

多 2 组，受环境地形的限制，加上站内设置了列车的折返线，由此带来车站长度的增加。

全国最深的井筒式停车库——杭州地下车库

杭州首个井筒式地下车库于 2016 年已建成并投入使用，这是目前中国最深的井筒式地下车库。

井筒式地下车库就是把地面上的电梯式智能化立体车库埋到地下。此停车库位于杭州密渡桥路湖墅南路交叉口西北角，地面为 150 m^2 的一层建筑。地下共有 3 个停车井筒，每个井筒地下有 19 层，深度达 34 m，总共可停 112 辆车。[①]

杭州井筒式地下车库出入口

（图片来源：http://www.hangzhou.gov.cn/art/2016/5/3/art_1256343_8104868.html 杭州市人民政府网）

虽然井筒式地下车库“高科技感”强，但实际使用十分简便。车主只需要从路面开进，车头朝着车库内直接开进载车板，熄火下车即可。剩下的停车进程全部由电脑智能处理：电脑程序会控制载车板，将车子沿着地下隧道驶入电梯，电梯垂直向下，转向 90° 后将车子送到空的停车位上。在取车时，同样启动程序，车子会自动被载车板启动上升回到地面，打开车库门时车头朝外，车主可以轻松开走。整个出入库最长需要 90 秒就

① 陈琳. 360 度全景展现全国最深杭州首个井筒式车库. http://z.hangzhou.com.cn/2016/hzcsjs/content/2016-07/05/content_6236334.htm 杭州网.

能完成。同时根据车主的实际需求，工作人员会提前将车辆调配到位。

杭州井筒式地下车库的启用，极大地方便了周边居民。井筒式地下停车占地面积小，用地效率大大提高，是城市用地紧张地区解决机动车停车难的创新途径，推广意义巨大。

中国最大单体地下综合体——西安幸福林带

2016 年 11 月，西安幸福林带建设工程正式开工。为推进"一带一路"建设发展新思路，落实建设"丝绸之路经济带"强国梦，具体措施就是把该工程打造成集世界文化交流、经贸交流、健身休闲、餐饮娱乐、旅游观光、商务办公为一体的特大城市综合体。

幸福林带工程为西安市的东大门，是重要交通枢纽。具体范围北起华清路，南至新兴南路，全长 5.85 km，宽 140 m，占地面积 1 134 亩。[①] 林带建设工程包括林带景观、综合管廊、地铁配套、地下空间等，总投资 200 亿元。[②] 预计 2019 年竣工，是 1949 年以来西安市最大的市政、绿化和生态工程。

幸福林带效果图

（图片来源：三秦都市报 2016-11-03）

① 西安市人民政府网，幸福林带建设工程正式开工，绿化率或达 85%以上，http://www.xa.gov.cn/ptl/def/def/index_1121_6774_ci_trid_2204449.html，2016-11-04。

② 西安晚报，2016-11-03。

幸福林带地下设置了博物馆、图书馆等公共服务设施，其中，地下商业街功能区，地下一层、二层为商业区，地下三层停车区为周边市民提供优质的公共服务。

该工程以幸福林带建设提升区域生态环境，以地区综合改造促进区域整体发展，以产业结构调整优化推动发展方式转变。充分利用城市核心地段的地下空间进行商业化运作，发展特色地下商业，预计提供数十万个就业岗位，可增加地方政府年度财政税收。

中国目前投资最高的单体地下人行过街通道——重庆华福大道

2016 年 9 月 12 日，重庆最大的人行地下通道——华福大道人行地下通道正式投入使用，该工程也是中国目前投资最高的单体地下人行过街通道。

通道位于华福大道和福茄路交界处，通道长度为 56 m，净高为 4.5 m。工程总投资约 5 200 万元，总建筑面积 2 500 m^2。①

主通道净宽达到 12 m，是普通人行地下通道的 2～3 倍。其主通道两边都是 LED 自发光铝板墙面，灯饰由 2016 只共 9 种 3D 打印蝴蝶装饰，每只蝴蝶装饰通过其后面安装的 LED 灯可以变换 8 种颜色。灯光颜色变换交替，好似蝴蝶翩翩起舞。

重庆华福大道地下人行通道实景

（图片来源：http://www.cq.gov.cn/today/news/2016/9/13/1456784.shtml 重庆政府网）

① 张锦辉. 华福大道人行地下通道下月投用. 重庆日报，2016-07-29.

B 1 综述

Blue book

张智峰　唐　菲

1.1 城镇化与地下空间

2010 年以来，以地铁、综合管廊、地下商业等产业为主导的城市地下空间开发建设已经成为推动中国新型城镇化和城市经济稳定、持续发展的重要领域，是扩大城市内需、挖掘经济潜力和促进城市产业动能的新兴力量(图 1-1)。

中国城镇化最具代表性的京津冀、长江三角洲与珠江三角洲三大城市群快速发展充分验证了这一“中国特质”：以 5.2%的国土面积，23%的人口，创造了 39.4%的国内生产总值，成为推动中国经济快速增长、参与国际经济合作与竞争的主导力量，促进了经济的发展，推动了社会结构深刻变革(图 1-2)。

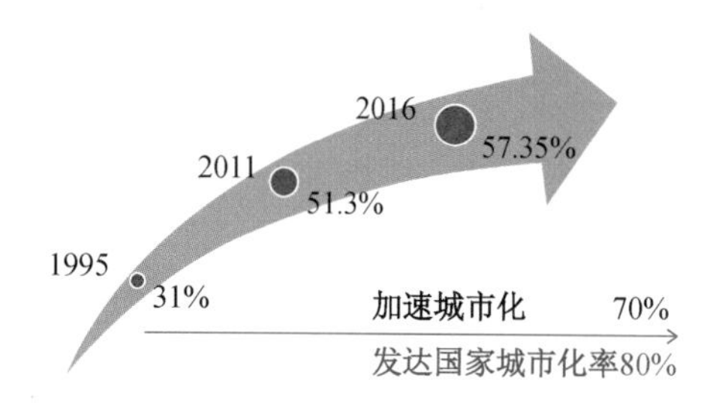

图 1-1　中国城镇化发展水平
(数据来源：住房和城乡建设部)

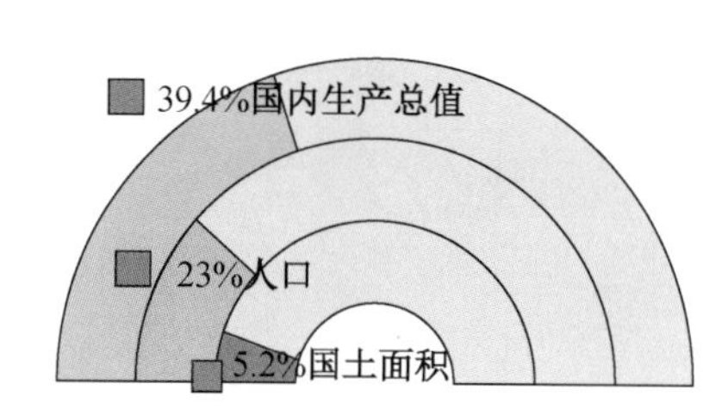

图 1-2　三大城市群(京津冀、长江三角洲、珠江三角洲)社会与经济发展数据占全国的比例
(数据来源：国家统计局)

相对欧美等发达国家，中国的城市地下空间开发起步较晚，但强大的国家力量和经济需求，已成功将中国打造成为名副其实的地下空间开发利用大国，成为推动和引领世界城市地下空间发展主力(图 1-3)。

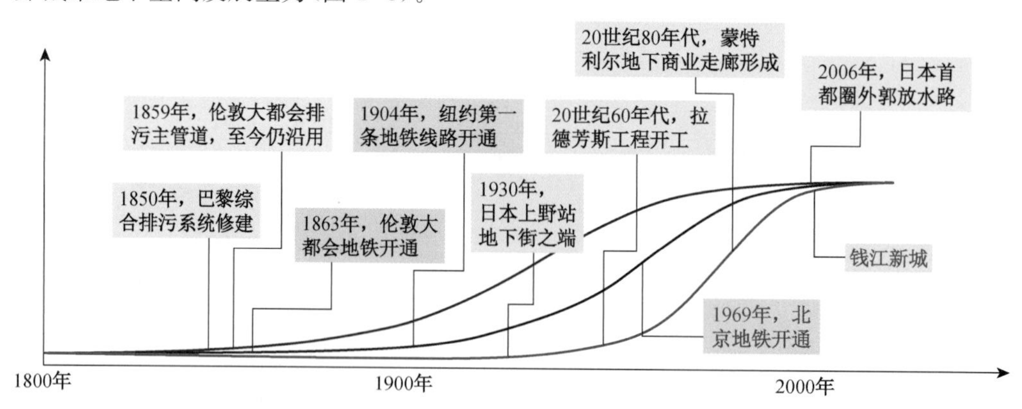

图 1-3　地下空间发展进程(世界范围)

根据住房和城乡建设部公开数据，2016 年，中国城市地下空间与同期地面建筑竣工面积的比例从 10%上升至 15%。

1.2 当前中国城市地下空间发展格局

城市地下空间发展结构：延续“三心三轴”结构(图 1-4)。

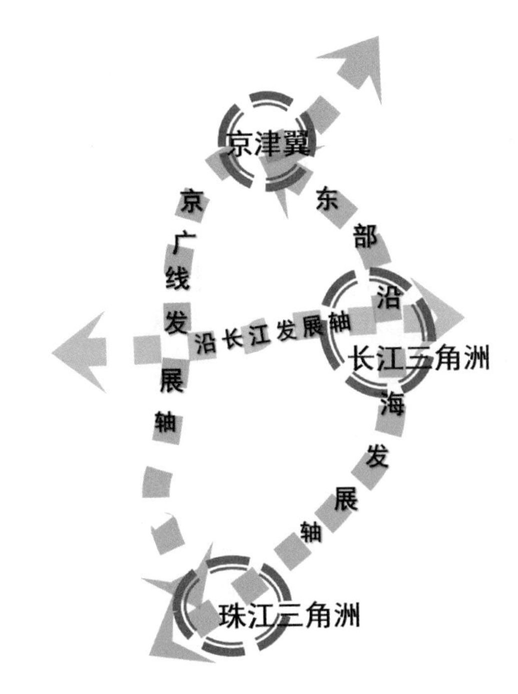

图 1-4 城市地下空间发展结构示意图

“三心”：中国地下空间发展核心，即京津冀、长江三角洲、珠江三角洲。

“三轴”：东部沿海发展轴、沿长江发展轴和京广线发展轴。

除沿海、沿江城市地下空间发展轴外，随着京广高铁干线的开通和沿线交通建设的逐步完善，大大缩短了中部城市的时空距离，从而直接推动了京广沿线城市以地下轨道交通为主导的城市地下空间开发的快速发展，已初步形成我国城市地下空间发展的第三轴。这三心三轴的发展态势与我国目前已建成的高铁干线有一定的契合关系，也从一个侧面反映了中国目前的城市发展分布(图 1-5)。

根据国家统计局、住房和城乡建设部 2017 年公布的最新统计数据，中西部地区与东部、东北的地下空间发展水平差距随城镇加速进程趋于减小。

地下空间的发展分布与中国各省 GDP 总量关联密切。这一趋势同地理学家

1935年提出的中国人口密度的对比分界线，即“胡焕庸线”（胡焕庸，1935）高度吻合。这一地理界线直至今日仍然作为中国城市经济和社会发展、城镇化发展水平的一条层级界线，具有重要的社会、经济意义。

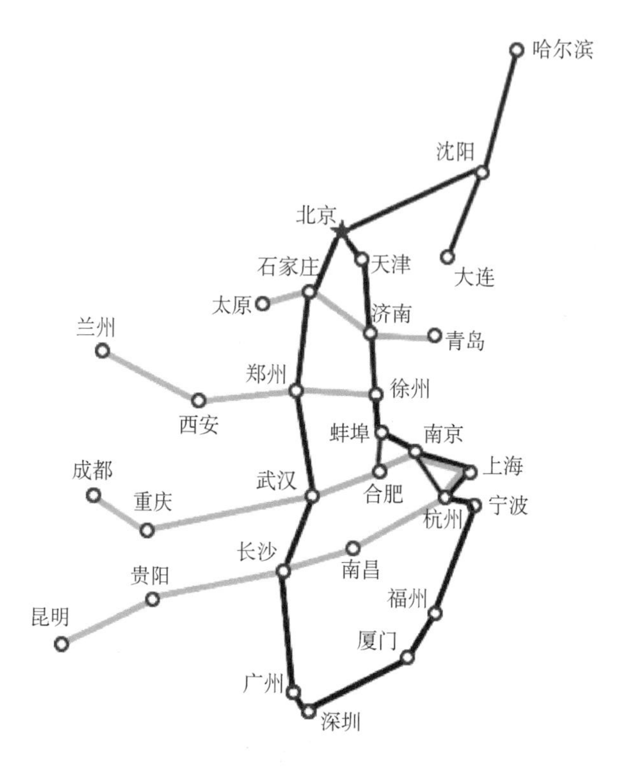

图 1-5　2016 年国家高铁网络示意图

1.3　地下空间中国巨变

1.3.1　法治体系完善度与发达国家差距缩小

城市地下空间规划、建设管理正在得到各级政府自上而下的普遍重视，地下空间建设已成为城市建设和发展不可或缺的重要组成部分。越来越多的地方政府在对地下空间用地管理、建设管理、使用管理等方面作出了明确规定与要求，推进中国城市地下空间的合理有序发展，步入地下空间法治建设正轨。

截至2016年年底，中国各省市先后颁布涉及城市地下空间开发利用的法律法规、政府规章、规范性政策性文件等共224部，其中，直接针对城市地下空间开发利用管理的法治文件60余部(图1-6)。

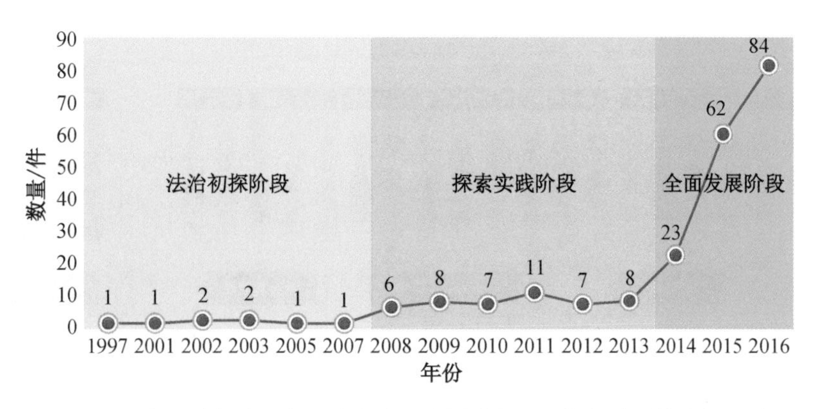

图 1-6 中国城市地下空间法治建设发展阶段及历年相关政策法规统计

但和地下空间开发利用管理相对完善和系统的国家或地区相比，存在明显差距和不足。中国的城市地下空间法治建设和治理体系，尤其是立法和治理体系、公共政策支持性体系等基础研究仍呈现分散、缺失和无序的现象，极大地制约城市地下空间的合理利用和持续发展。

1.3.2 产业市场潜力无限

2016 年是中国“十三五”的第一年，这一年，以地铁为主导的快速轨道交通系统、以综合管廊为主导的市政基础设施系统的发展速度和规模已居于世界之“巅”。这正为处于“城镇化快速发展，地下基础设施建设滞后”时期的中国城市建设和地下空间产业化发展提供了腾飞的契机。

中国城市地下空间的开发数量快速增长，地下交通、市政等基础设施高强度、高速度建设，带动相关产业和技术领域不断创新，中国的地下空间产业发展和科技水平不断提高，地下空间体系日趋完善，已经成为领军世界地下空间产业不断创新发展的大国。

依据地下空间特性和地下空间的主导功能，结合产业概念与规模化、职业化、社会功能性、专业技术化的构成要素，中国地下空间已形成地铁产业、综合管廊产业、地下管线产业、人防工程特殊产业等。由地下空间相关综合行业，即地下规划设计与装备制造行业，地下空间规划设计产业和地下空间施工装备产业已初步构成(图 1-7)。

1. 轨道交通市场

1) 建设规模与速度全球领跑

根据发改委及中国城市轨道交通网数据统计，截至 2016 年年底，中国(仅统计大陆地区)共 28 个城市开通轨道交通，运营线路总长度 3 860.8 km(不含有轨电车，下同)。

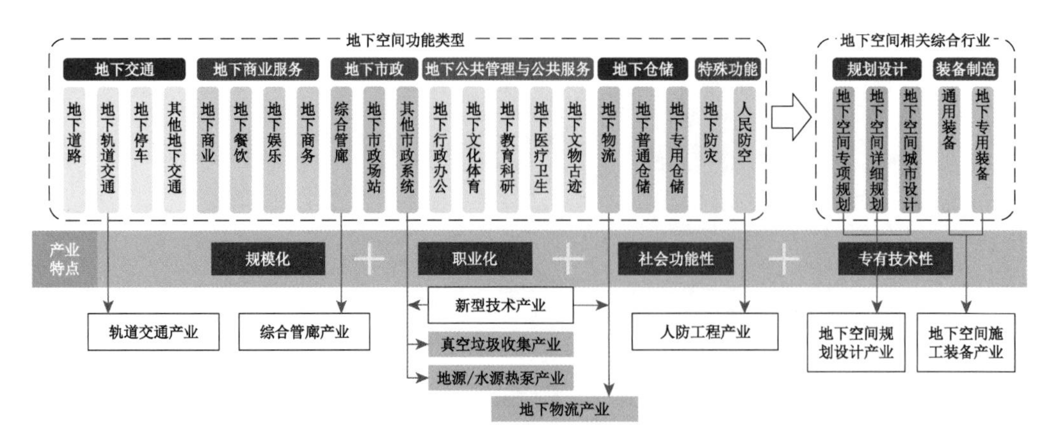

图 1-7　中国地下空间产业分析

至 2016 年，中国轨道交通仅有 46 年的发展史。以轨道交通总长度指标衡量，中国在世界排名第一，建设历程较短。

中国已成为世界上建成和在建轨道交通城市最多的国家。全球轨道交通总长度前 10 位的城市，中国占 4 席；轨道交通总长度前 20 位的城市，中国占 7 席(图 1-8)。

中国(仅统计大陆地区)轨道交通建设的快速发展从 2000 年开始。从 1971 年至 2000 年的 29 年里，只有北京、天津、上海和广州 4 个城市开通了轨道交通；2001 年至 2016 年，共计 24 个城市相继开通。从中国城市发展趋势、建设能力及国家政策判断，轨道交通市场在相当长的一段时间内将呈爆炸式增长模式。

2016 年，轨道交通市场投资 7 423 亿元，中国已成为全球最大的城市轨道交通建设市场。中国政府高度重视发展城市轨道交通建设，随着城市化进程的加快，市场蕴含的潜力无限。

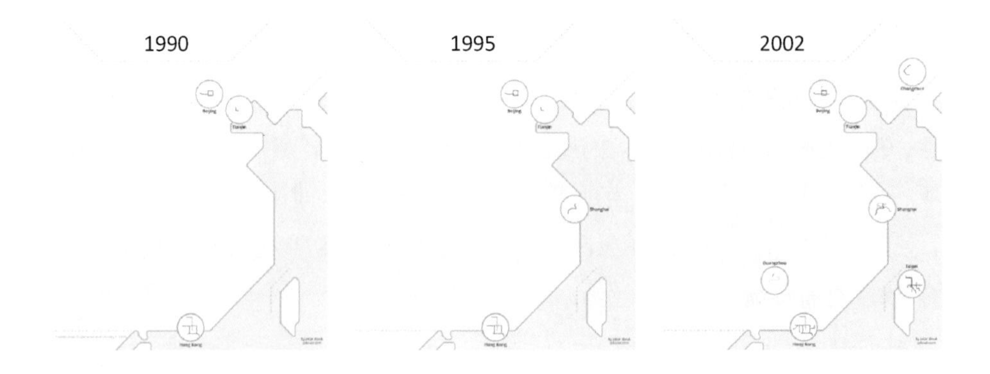

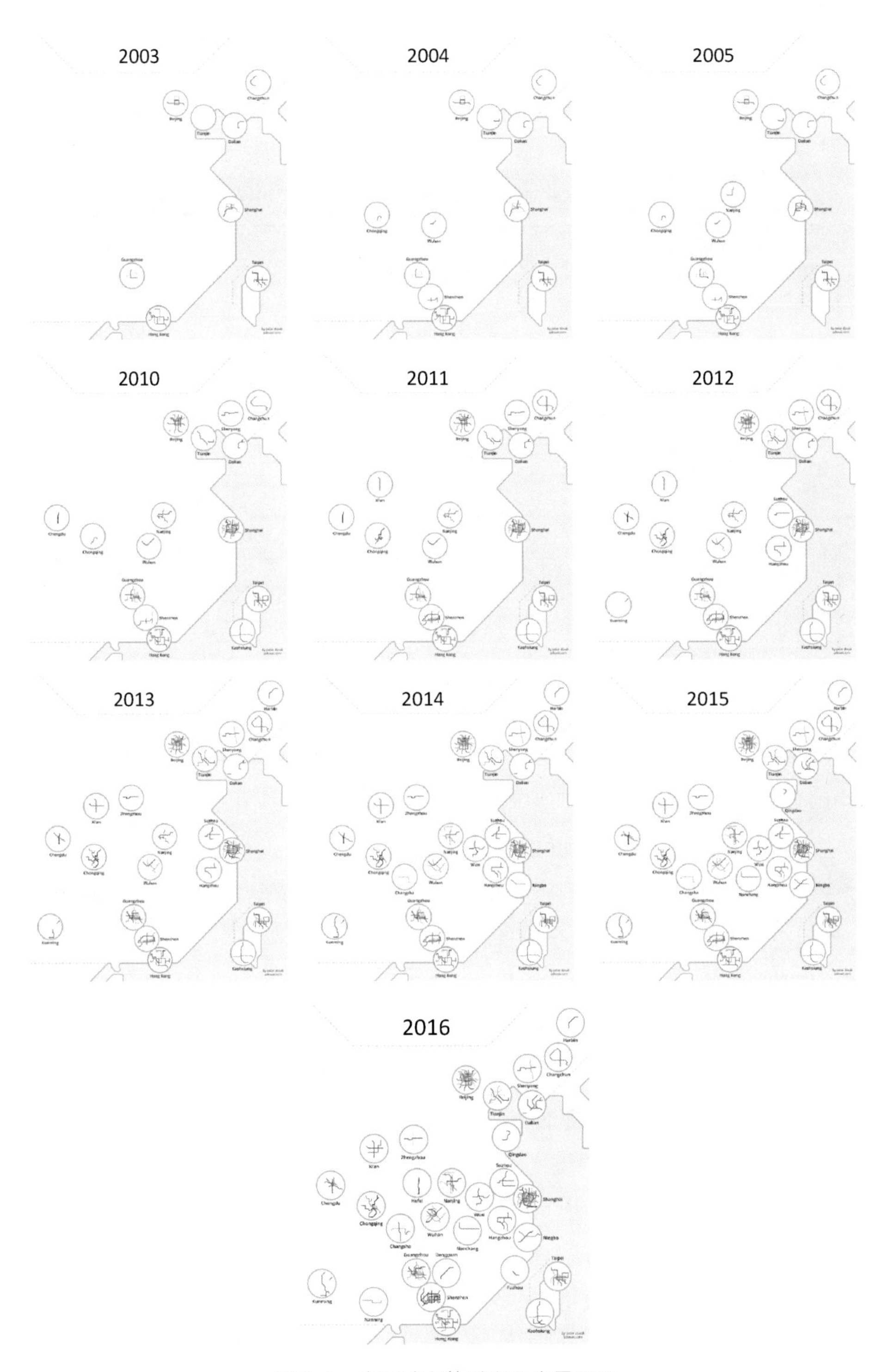

图 1-8 中国城市轨道交通发展历程

（数据来源：The Evolution of Metros in China & Taiwan，Peter Dovak；http://pdovak.com/projects/#/chinese-metro-evolution/）

预计未来几年内发展呈递增趋势，投资将维持在 6 千亿元以上的高位，中国仍将是世界上最大的轨道交通市场，中国轨道交通基建和装备企业的市场机遇巨大（表 1-1）。

表 1-1 国家或地区轨道运营长度排名 TOP10(2016)

排名	国家/地区	轨道交通系统总长度/km	首条线路启用年
1	中国大陆	3 860.8	1969
2	美国	1 228.3	1870
3	日本	784.5	1919
4	韩国	693.9	1933
5	西班牙	533.1	1919
6	英国	496.1	1863
7	俄罗斯	446.8	1935
8	德国	446.4	1902
9	法国	345.9	1900
10	中国香港	230.9	1979

数据来源：中国数据引自发改委，其他国家数据由各国城市地铁官网汇总。

2）“一带一路”带来国际商机

中国致力推进“一带一路”沿线国家的互联互通，布署中国与邻国间的铁路公路项目，筹建 400 亿美元的丝路基金并提供资金支持。

“一带一路”为中国轨道交通企业拓展海外市场提供了契机。目前，中国已经与俄罗斯、泰国等国签订了轨道交通合作备忘录。

3）人均指标与人力资源利用率等仍有差距

中国城市轨道交通正处于快速发展期，但是纵观发展历史并不长，相对城市轨道交通发展历程一百多年的英国，中国各方面的经验短缺，最突出表现在人力资源利用率和运输能力方面与其他国家的差距较大。

以人力资源利用率为例，中国地铁每公里需配置人员 45 人（数据引自《2015 中国城市地下空间发展蓝皮书》），而韩国首尔平均每公里只需要 23 人即可完成所有的任务，二者人力资源利用率相差巨大。

中国主要城市人均城市轨道长度为 0.12 km/万人，低于世界主要发达城市平均水平，即使北京、上海、广州的人均城市轨道长度 0.22 km/万人，但是线路密度与世界上城市轨道交通发达的城市平均水平仍有较大差距。

综上所述，我国城市轨道交通建设存在巨大的成长空间（图 1-9—图 1-11）。

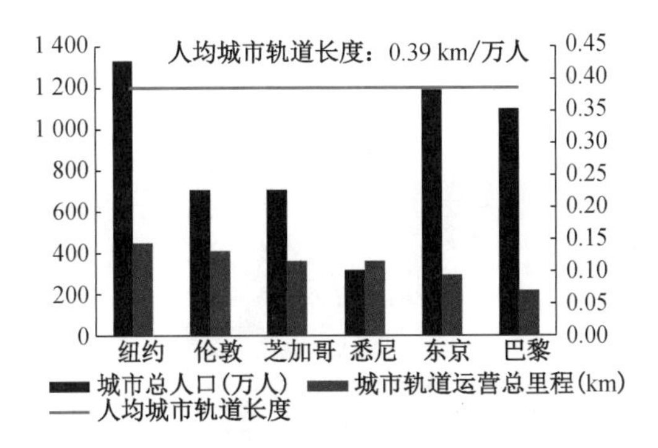

图 1-9 轨道交通人均城市轨道长度(世界城市)

(数据来源：各城市政府网站及地铁官网)

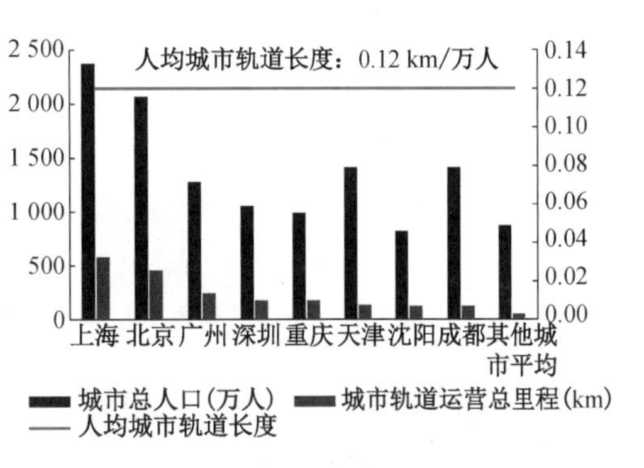

图 1-10 轨道交通人均城轨长度(中国城市)

(数据来源：中国数据根据发改委、统计局、中国城市轨道交通网等公开数据计算，国外数据引自各城市政府网站及地铁官网)

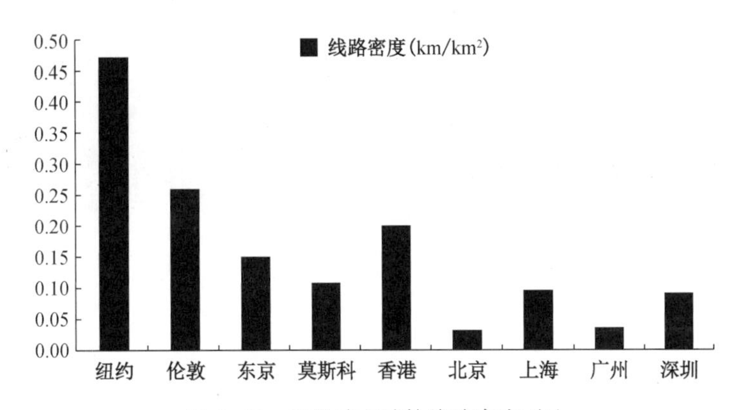

图 1-11 世界城市城轨线路密度对比

(数据来源：中国数据根据发改委、统计局、中国城市轨道交通网等公开数据计算，国外数据引自维基百科英文版)

2. 2016 年成为中国综合管廊建设的元年

2016 年 9 月 5 日，国务院常务委员会强调通过积极财政政策补短板，新型基建补短板助力供给。而具有“惠民生，稳增长，调结构”三大属性的地下综合管廊堪称新型基建的典型。

地下管廊综合效益巨大，从长期发展来看经济效益超过传统直埋管线，势必成为基建发力的重要方向。

根据住房和城乡建设部公开数据，截至 2016 年年底，中国 167 个城市累计开工建设地下综合管廊 2 548. 47 km(图 1-12)，其中

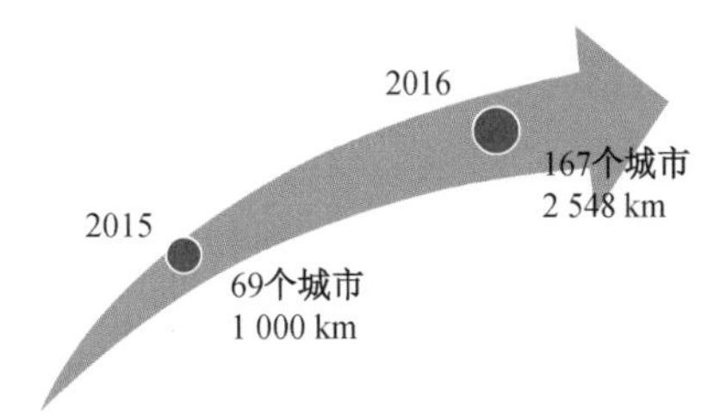

图 1-12 2015—2016 年综合管廊建设情况对比

西部地区拔得头筹，共开工建设 238 条地下综合管廊，共计 899.25 km。从全国建设统计数据来看，2016 年已成为综合管廊建设的元年(图 1-13)。

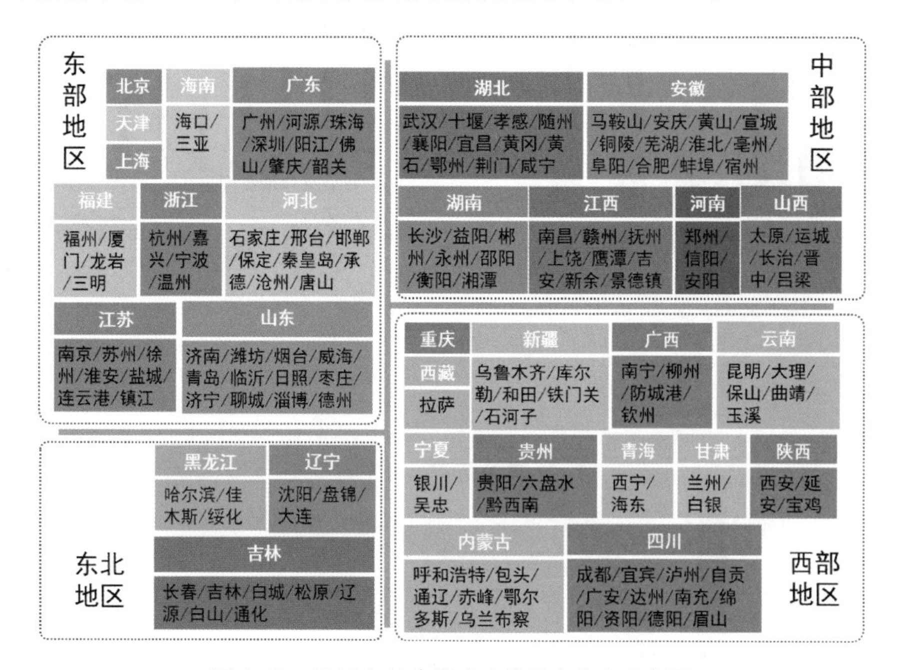

图 1-13　2016 年综合管廊建设城市分布示意图

1.4　城市地下空间综合实力

2016 年 12 月，国务院发布的《国家发展改革委办公厅关于加快城市群规划编制工作的通知》中提出，2017 年拟启动珠三角湾区、海峡西岸、关中平原、兰州—西宁、呼包鄂榆等跨省域城市群规划编制，这意味着一批重要城市群的规划的编制进入集中启动期，中国以城市群为主体形态的新型城镇化战略将加快落地实施。

城市群的意义在于推动城市的集约化发展，形成新的更合理的规模效应，可以发挥城市群内部大中小城市的多层次功能，更科学有效地吸纳人口和产业，形成新的发展动能。

以城市群中各大中小城市作为地下空间综合实力的评价对象，并通过政策支撑体系、开发建设指标、重点工程影响力、可持续发展指标等多个评价要素进行排名。以城市为单位，划定中国城市地下空间发展层级，为同一城镇化地区城市和国内同类城市的地下空间普遍特征和发展方向提供参考(图 1-14)。

截至 2016 年年底，城市地下空间综合实力最强的前五位城市为上海、北京、南京、

政策支撑体系	开发建设指标	重点工程影响力	可持续发展指标
·地下空间管理机制 ·相关法规政策 ·规划编制	·人均地下空间规模 ·建成区地下空间开发强度 ·停车地下化率 ·地下综合利用率 ·地下空间社会主导化率	·轨道交通 ·综合管廊 ·大型地下公共工程	·存量资源 ·智力资源

图 1-14　地下空间综合实力评价要素

杭州和广州。2016 年，由于南京市政府颁布了一系列有关地下空间的政策性文件，并启动了市域、江北新区的地下空间规划以及首个城市建成区内的地下空间详细规划，使其政策支撑体系方面得到了较大改善，因此此项得分大幅上涨，综合实力冲入中国前 3 甲(图 1-15)。

1. 东部城市稳步提升，中部奋力追赶

东部城市平稳提升，各城市群地下空间开发比较均衡，中国地下空间综合实力较强城市大多聚集于此。区域内政策法规较完善，地下空间管理有据可依。

中部城市保持地下空间迅猛发展势头，与东部地区各方面差距逐渐缩小，尤其是借鉴了东部城市的管理模式。整体政策支撑体系日趋完善。

2. 西部地区提升空间巨大

由于土地供需矛盾不突出，大多城市地下空间开发建设未得到广泛重视，西部城市地下空间发展水平普遍不高，其地下空间建设与管理仍处于起步阶段。另外地下空间专业教育资源与人才培养的匮乏，制约了地下空间发展。

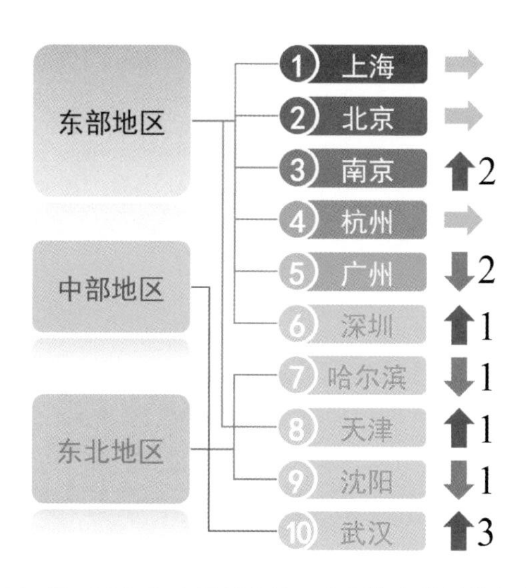

图 1-15　2016 年中国城市地下空间综合发展排名变化

B

2 地下空间建设

lue book

张智峰　肖秋凤

2.1　2016 年省域地下空间建设评析

2.1.1　选择原则

为了更加直观真实地体现新型城镇化背景下中国地下空间发展基本特质，从地下空间暴露出的现象与问题，以标志性的平战结合工程为导向，寻求中国地下空间发展规律。地下空间代表省域的选取原则如下：

① 区内各城市的城镇化水平接近 2016 年中国城镇化水平 57.35%（国家统计局）；

② 区内城市国民经济与社会发展的首位度不高；

③ 区内南北或东西发展较均衡。

2.1.2　省域地下空间建设分析

在符合选取原则的基础上进一步筛选，确定将河北省作为 2016 年中国地下空间建设省域级地下空间对象进行研究（图 2-1、图 2-2）。

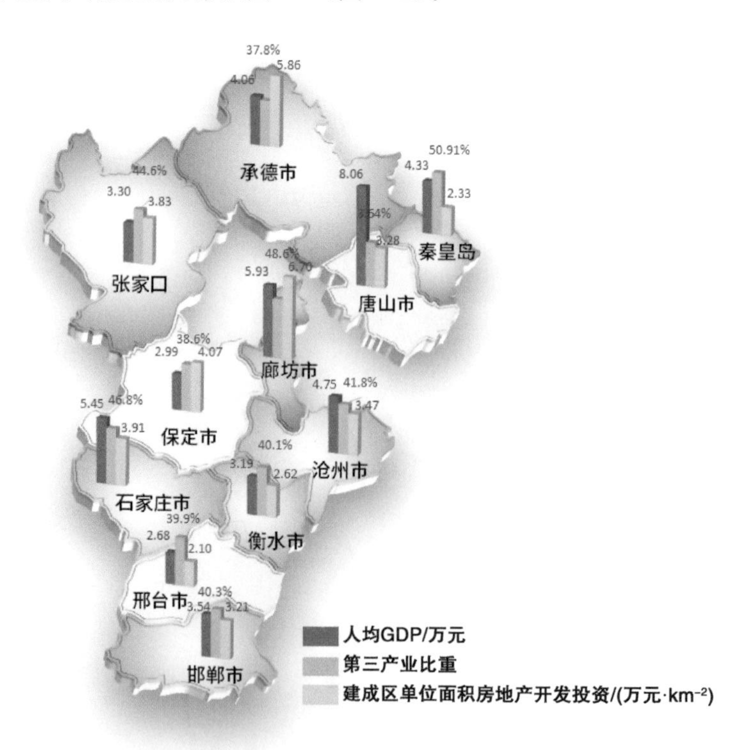

图 2-1　河北省各城市 2016 年经济发展数据对比

（注：1. 数据来源《河南统计年鉴》；2. 各城市人口按城镇人口统计）

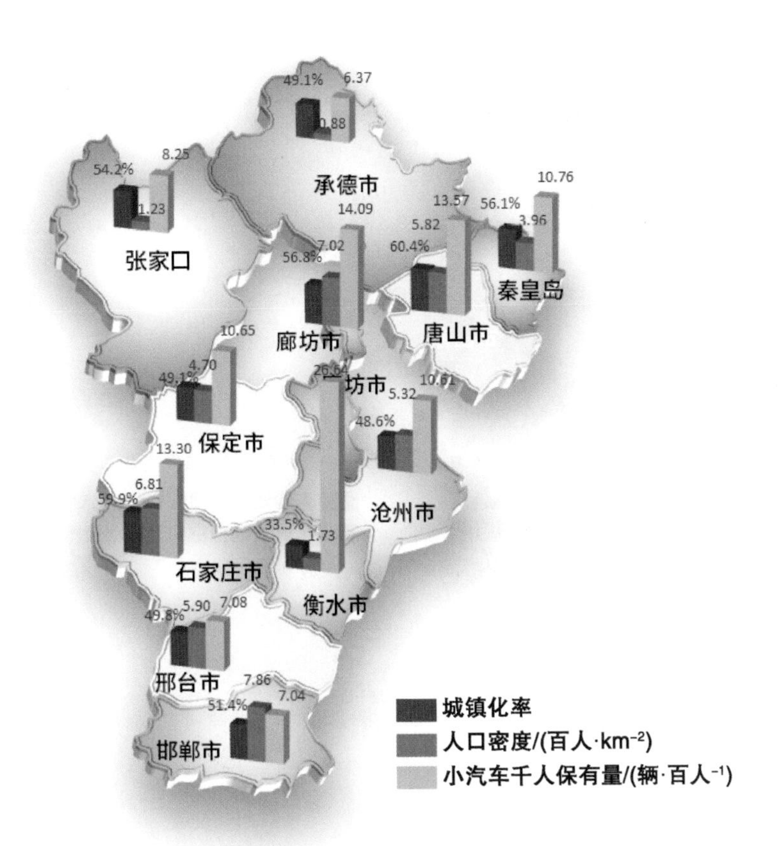

图 2-2　河北省各城市 2016 年经济发展与交通数据对比

（注：1. 数据来源《河南统计年鉴》；2. 各城市人口按城镇人口统计）

省内经济发展与城市特质、产业结构关系密切。省内经济发展与城市行政级别无绝对关联。

省内城市地下空间发展同经济发展水平同步，由京津侧向外围呈递减态势（图 2-3）。

地下空间指标整体趋势：与人均 GDP、第三产业比重首位度正相关；与城镇化率、汽车保有量关联较弱。

从总体上看，地下空间开发与当地的经济发展水平呈正相关态势，因此全省各市地下空间开发南北差异大。严重的两极分化不仅仅表现在开发规模上，功能结构、管理手段、维护水平、意识与理念等软指标方面的差距同样不可忽视。

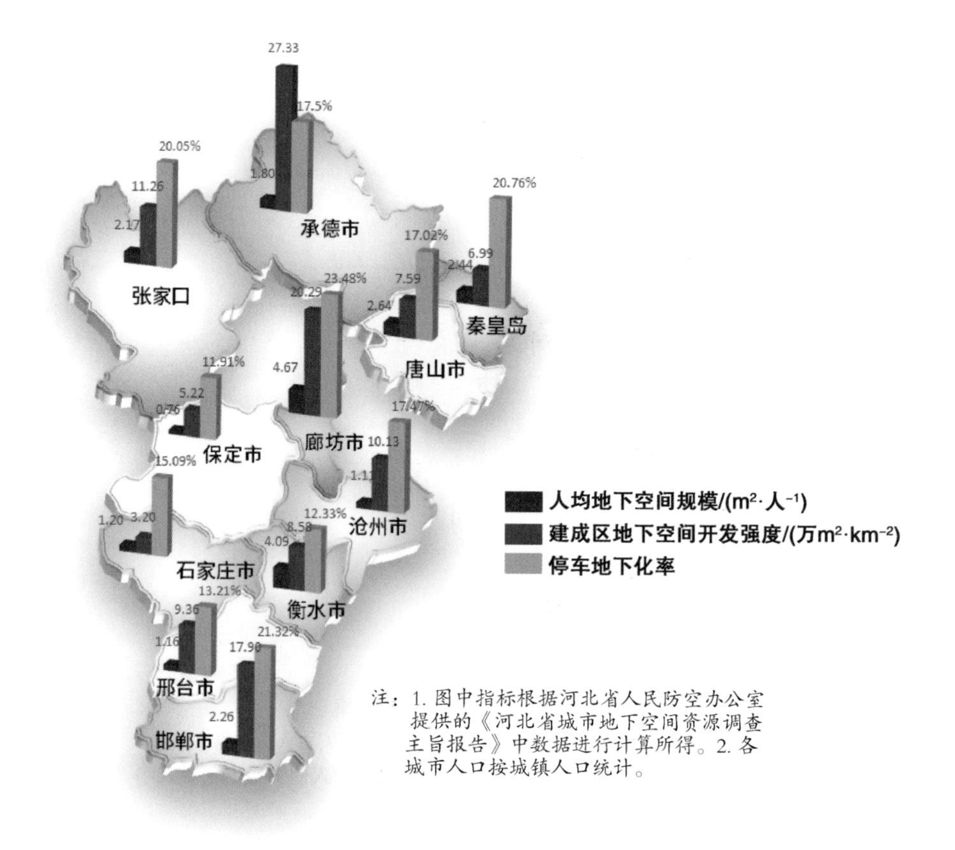

图 2-3　河北省各城市地下空间发展分析

2.2　城市地下空间基础开发评价

关注国内城市地下空间的相关业界一线网站，分析相关数据，制作城市地下空间基础开发评价图，将各城市置于同一评价标准体系来统一衡量和评价该城市地下空间开发建设的真实水平。

主要选取城市地下空间开发的常规数据 3 个，即人均地下空间规模、建成区地下开发强度、机动车停车地下化率，另新增 2 个指标，即地下空间社会主导化率和地下空间综合利用率(图 2-4、图 2-5)。

通过样本城市社会经济发展数据、地下空间发展数据统计分析，地下空间指标整体趋势与人均 GDP 排名关联度最高，基本上按照资源型城市、省级行政交通中心城市、东北部、中部城市的顺序。

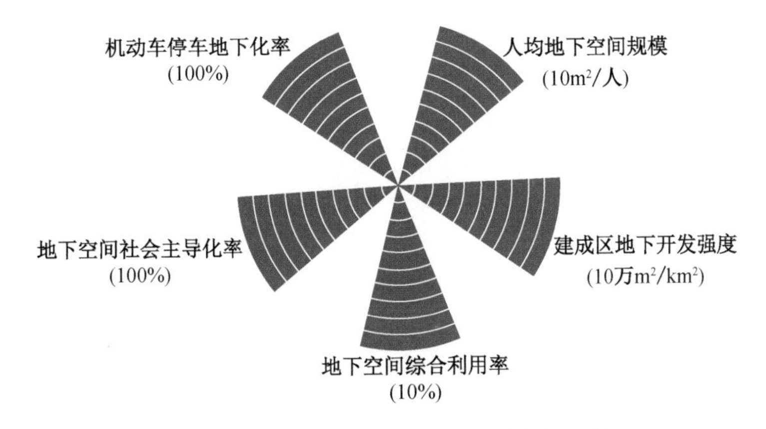

图 2-4 城市地下空间开发建设评价指标示意图

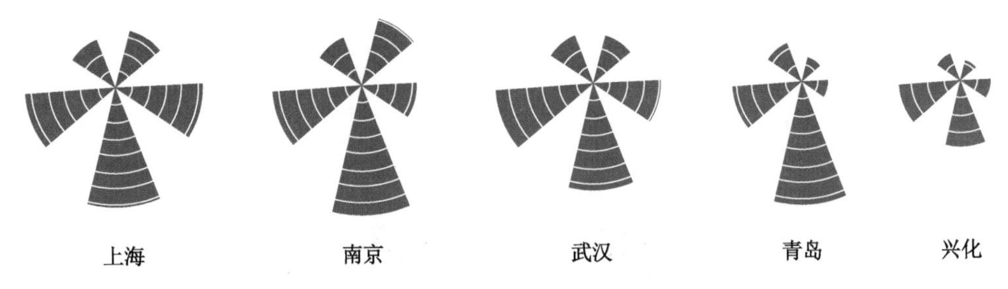

图 2-5 中国城市地下空间开发建设评价示意图(截至 2016 年年底)

2.2.1 城市地下空间开发水平层级

综合研究各城市地下空间开发数据，对城市地下空间开发水平分级分类，拟划分 3 级城市地下空间开发层级。

(1) 第一层级城市需同时满足以下条件：

人均地下空间规模至少 3 m^2/人；

建成区地下开发强度 3 万 m^2/km^2 以上；

地下综合利用指数 6%以上；

地下空间社会主导化率 50%以上；

机动车停车地下化率 25%以上。

目前地下空间开发第一级城市为上海、北京、南京、杭州(图 2-6)。

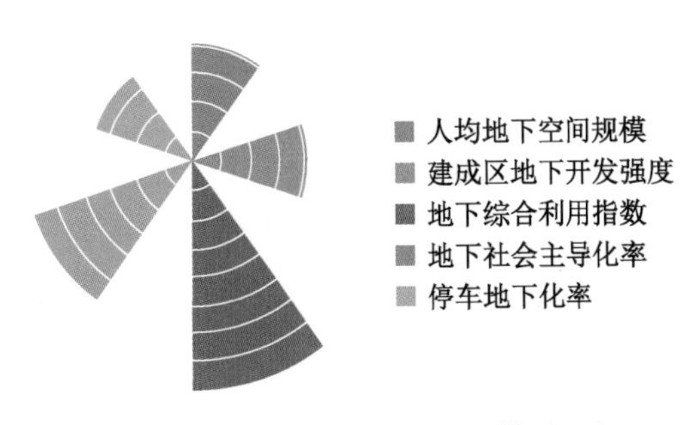

图 2-6 地下空间开发一类城市模型示意图

(2) 第二层级城市需同时满足以下条件：

人均地下空间规模至少 1.5 m^2/人；

建成区地下开发强度 2.5 万 m^2/km^2；

地下综合利用指数 4%；

地下空间社会主导化率 42%；

机动车停车地下化率 18%。

(3) 第三层级城市标准：

不符合以上标准的统一划分为中国地下空间发展第三层级。

2.2.2 样本城市

根据国家统计局公开数据，2016 年年末，中国城市(含地级以上城市和县级市) 657 座，其中地级以上城市 297 座，市辖区户籍人口超过 100 万的城市 147 座。

采用同一评价标准体系将各城市统一衡量和评价，由此得到城市地下空间发展的真实水平(图 2-7)。

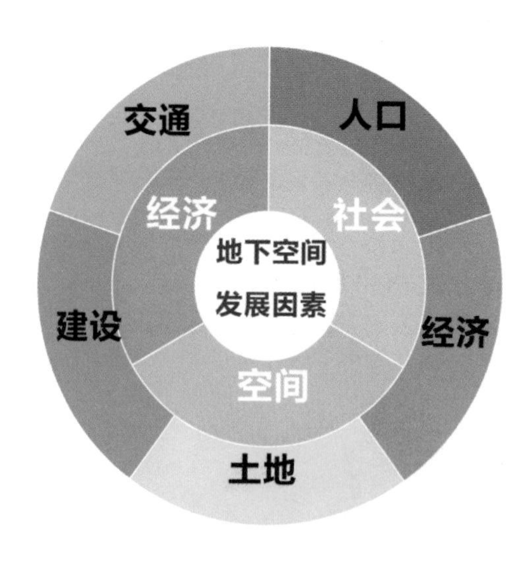

图 2-7 城市地下空间开发水平影响因素样本城市分布图

1. 样本城市选取

1) 选取依据

选取城市经济、社会、交通、地下空间发展等历年指标相对齐全的城市；

涵盖不同行政级别城市，包括直辖市、省会/副省级城市、地级市、区县；

包括不同规模等级的城市，超大城市、特大城市、大城市、中等城市及小城市；

分布于不同区域的城市，东部地区、中部地区、西部地区及东北地区均有分布；

选取的城市具备样本特征，数据来源可靠、指标体系评价可行。

2）样本城市

对 2016 年中国城市经济、社会、交通发展等关键数据和地下空间发展影响指标等综合分析后，按照样本城市选取依据和条件共选取了 70 个样本城市。

（1）按城市行政级别选取。直辖市/省会/副省级城市占 36%，地级市占 60%，县级市/县占 4%（图 2-8）。

（2）按城市空间分布选取。东部地区占 61.4%，中部地区占 27.1%，西部地区占 4.3%，东北地区占 7.2%（图 2-9）。

（3）按城市规模选取。超大城市占 6%，特大城市占 14%，I 型大城市占 23%，II 型大城市占 27%，中等城市占 30%（图 2-10）。

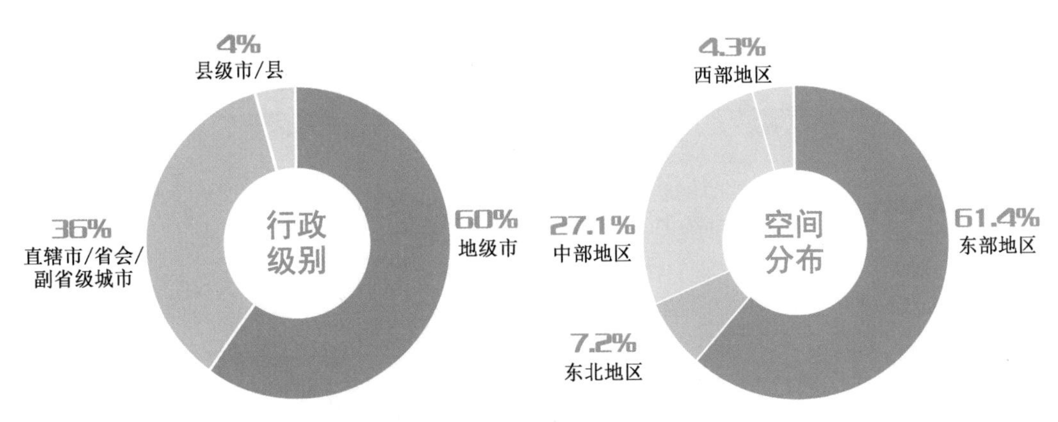

图 2-8　样本城市行政级别分类　　　图 2-9　样本城市空间分布分类

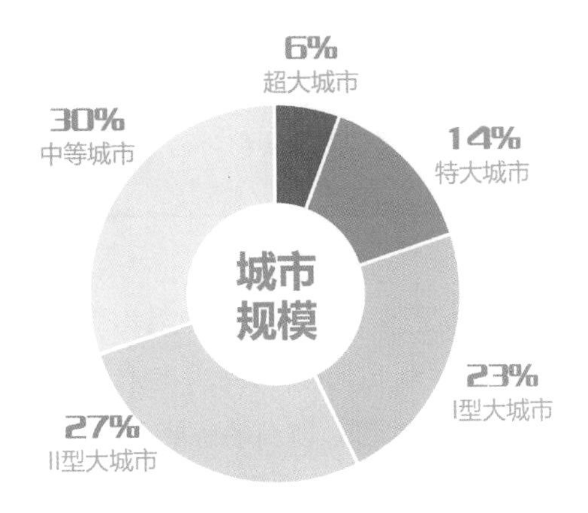

图 2-10　城市规模

2. 基础开发建设评价指标

通过数据采集提取、整理汇总、推算验算等手段，择取城市经济、社会基础、交通需求和地下空间发展指标，以直观的图形进行对比分析。

城市基础开发建设评价指标体系由 3 类 12 个要素组成，其中地下空间专有指标有 4 个(图 2-11、表 2-1)。

城市经济数据
- □ 人口密度
- □ 人均GDP
- □ 城镇化率
- □ 第三产业比重
- □ 建成区单位面积房地产开发投资
- □ 产业密度

地下空间数据
- □ 人均地下空间规模
- □ 建成区地下开发强度
- □ 地下综合利用率
- □ 地下空间社会主导化率

交通发展数据
- □ 小汽车千人保有量
- □ 停车地下化率

图 2-11 城市基础开发建设评价体系

表 2-1 地下空间建设评价指标定义及关联一览表

指标名称	指标定义	地下空间关联
人均地下空间规模	城市或地区地下空间建筑面积的人均拥有量	衡量城市地下空间建设水平的重要指标
建成区地下空间开发强度	建成区地下空间开发建筑面积与建成区面积之比	衡量地下空间资源利用有序化和内涵式发展的重要指标，开发强度越高，土地利用经济效益就越高
停车地下化率	城市(城区)地下停车泊位占城市实际总停车泊位的比例	衡量城市地下空间功能结构、基础设施合理配置的重要指标
地下综合利用率	城市地下公共服务空间规模占地下空间总规模的比例	衡量城市地下空间市场化开发的综合利用指标
地下空间社会主导化率	城市普通地下空间(扣除人防工程规模)规模占地下空间总规模的比例	衡量城市地下空间开发的社会主导或政策主导特性的指标

1) 城市经济、社会相关指标

(1) 人均 GDP 与人口密度、产业密度。城市中人均 GDP 较高的大多为东部城市，属于地下空间发展第一、二层级，地下空间发展水平也位于前列(图 2-12、图 2-13)。

人口密度与产业密度指标趋势类似，较高的主要有深圳、上海、广州、厦门、苏州、无锡等(图 2-14)。

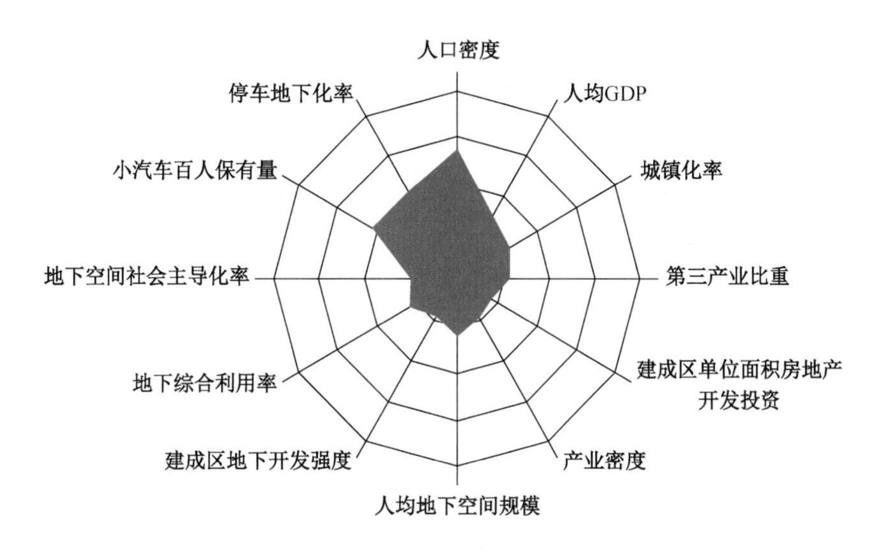

图 2-12 城市地下空间基础开发建设评价示意图

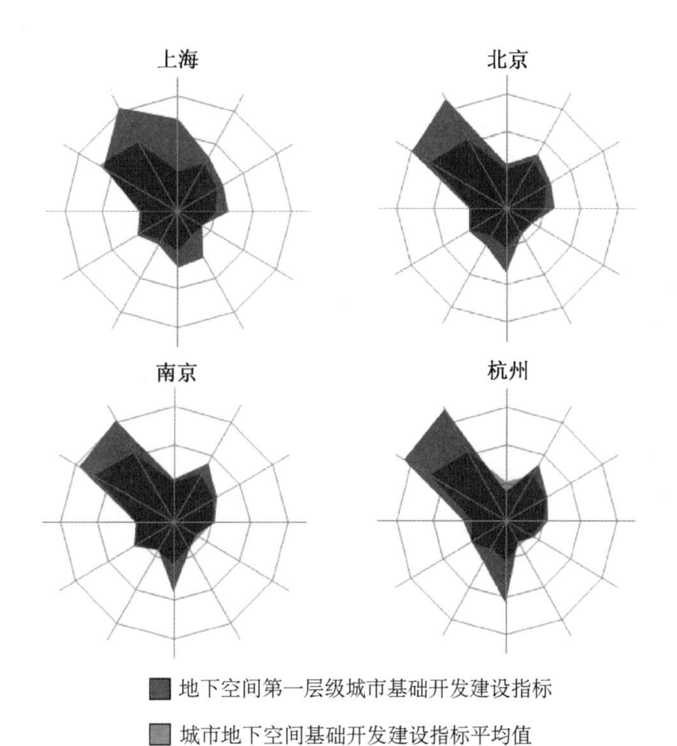

图 2-13 地下空间第一层级城市基础开发建设评价示意图

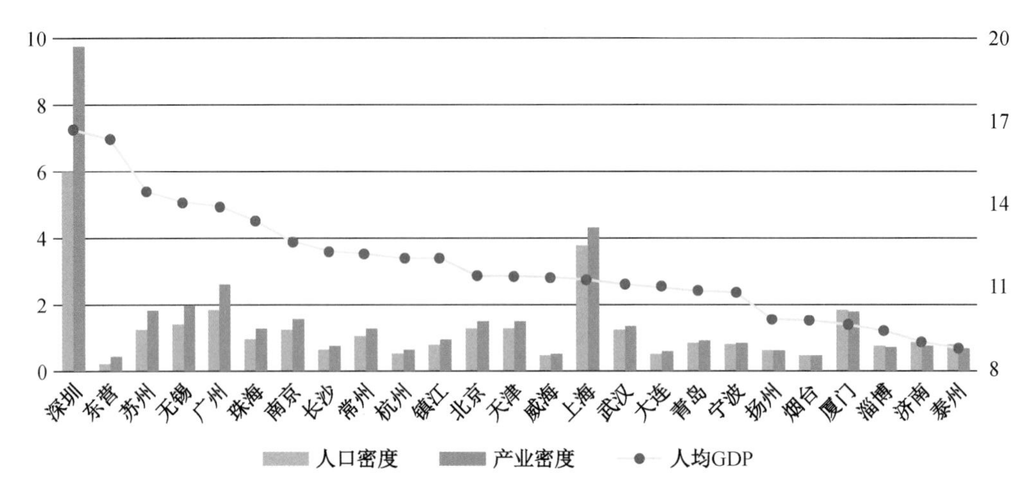

（人口密度：千人/km²，左；产业密度：亿元/km²，左；人均 GDP：万元，右）

图 2-14　城市人均 GDP、人口密度、产业密度指标分析

（2）三产比重与单位面积房地产开发投资。城市第三产业比重较高的城市有上海、大连、北京、杭州等，而三产比重较低的主要是南昌、芜湖、东莞等中部或制造业城市。

单位面积房地产开发投资较高的城市有福州、珠海、武汉等，较低的有东莞、威海、烟台等(图 2-15)。

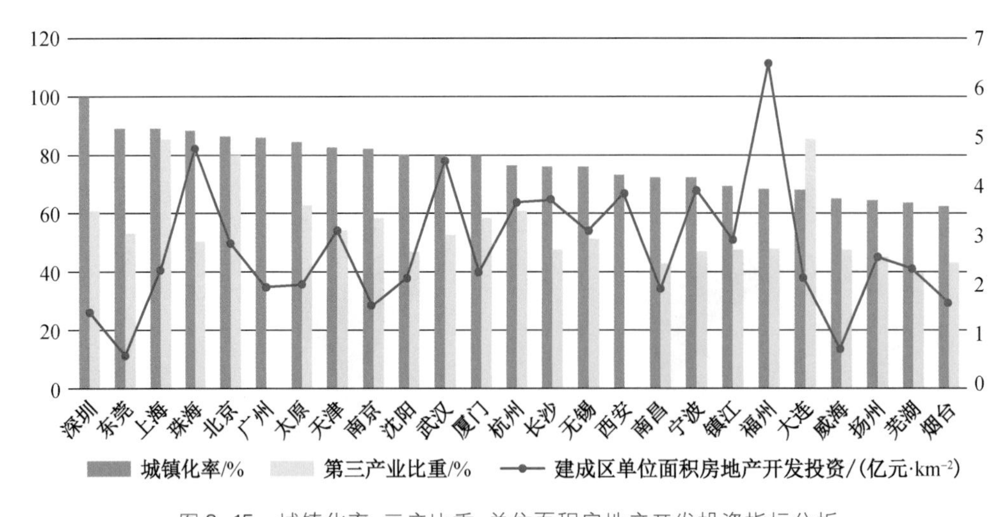

图 2-15　城镇化率、三产比重、单位面积房地产开发投资指标分析

通过城市经济、社会相关指标分析，各项指标比较靠前的主要有北京、上海、杭州、武汉、南京、厦门等城市，这类城市地下空间开发具有良好的经济、物资基础，地下空间需求较大，人均地下空间指标也较高。

2）城市地下空间指标

（1）人均地下空间规模(图 2-16)。

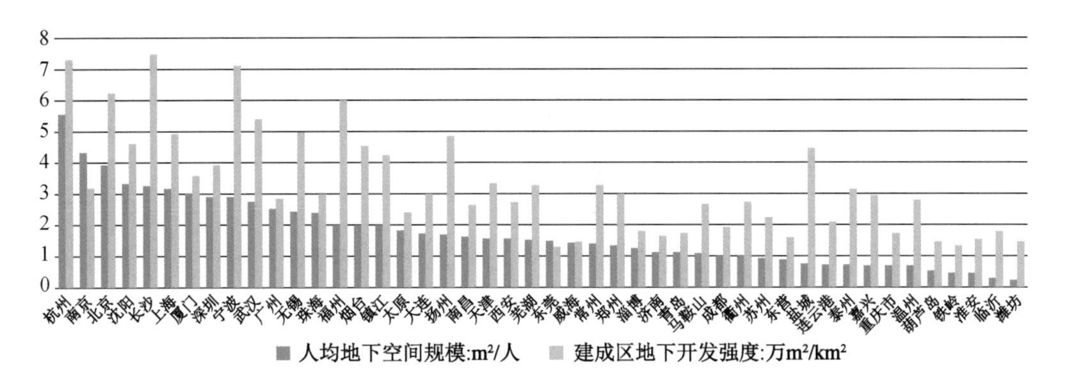

图 2-16 人均地下空间规模与建成区地下空间开发强度

人均地下空间规模与建成区地下空间开发强度、停车地下化率、地下空间社会主导化率、城镇化率、人均 GDP、第三产业比重、小汽车保有量等均有较强的相关性。

① 与建成区地下空间开发强度显著相关(图 2-16)。分析发现，人均地下空间规模与建成区地下空间开发强度有显著相关性，两个指标都反映了一个城市地下空间开发的水平。

另一方面，人均地下空间规模与地下空间综合利用指数相关性较弱，由目前中国城市地下公共服务空间尚未充分发展所致。

② 与停车地下化率显著相关。人均地下空间规模与停车地下化率关系较为显著(图 2-17)。地下停车是地下空间在城市中发挥的重要职能之一，也是城市地下空间开发的一大动因。许多早期小区、办公建筑缺乏足够的停车位，露天停车场所挤占了绿

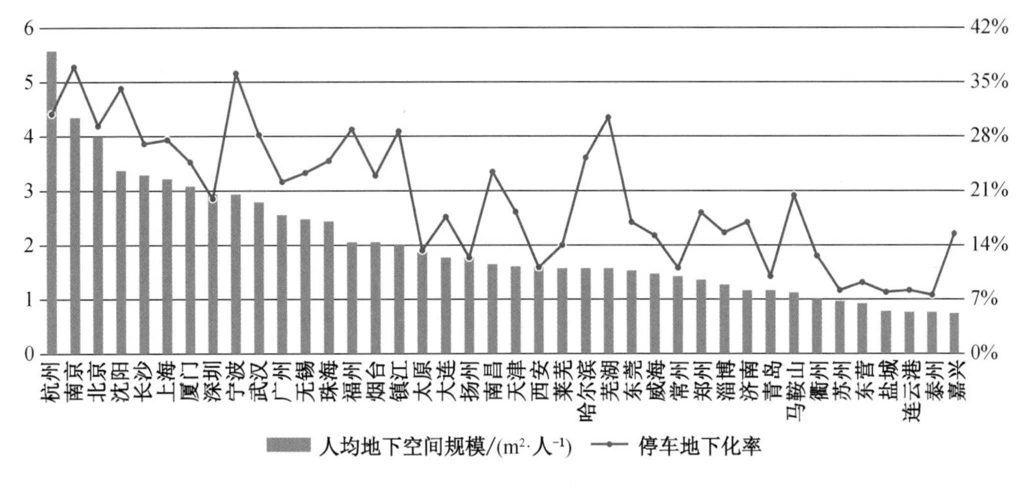

图 2-17 人均地下空间规模与停车地下化率

化、公共活动空间，路边停车易导致交通拥堵。当前许多城市地下空间有大量比例是停车场所，城市平均比例最高 30%，核心区域可达 90%以上。

(2) 建成区地下空间开发强度。

地下空间开发强度与人均地下空间规模、停车地下化率、建成区单位面积房产投资和地下空间社会化主导率都有显著的相关性。同样地，地下空间开发强度与人口密度、产业密度等指标不相关。

① 与停车地下化率显著相关。地下停车是地下空间的主要功能之一，且停车需求与地下空间较高强度的开发也多集中在建成区内，因此容易解释建成区地下空间开发强度与停车地下化率之间显著的相关性。

② 与建成区房地产投资。建成区地下空间开发强度是城市空间紧缺程度的直接反映，而城市空间紧缺程度也决定了地产价值，因此解释了建成区地下空间开发强度与建成区单位面积房地产投资具有显著关系。

另外，建成区地下开发强度与人口密度的相关性不显著，体现了城市空间开发的多样性。与小汽车百人保有量之间的相关系数较小，其原因可能是小汽车在一定程度上对城市空间提出需求，但保有量是以人均计算，地下空间开发强度是以单位面积计算，因此数据无法完美匹配(图 2-18)。

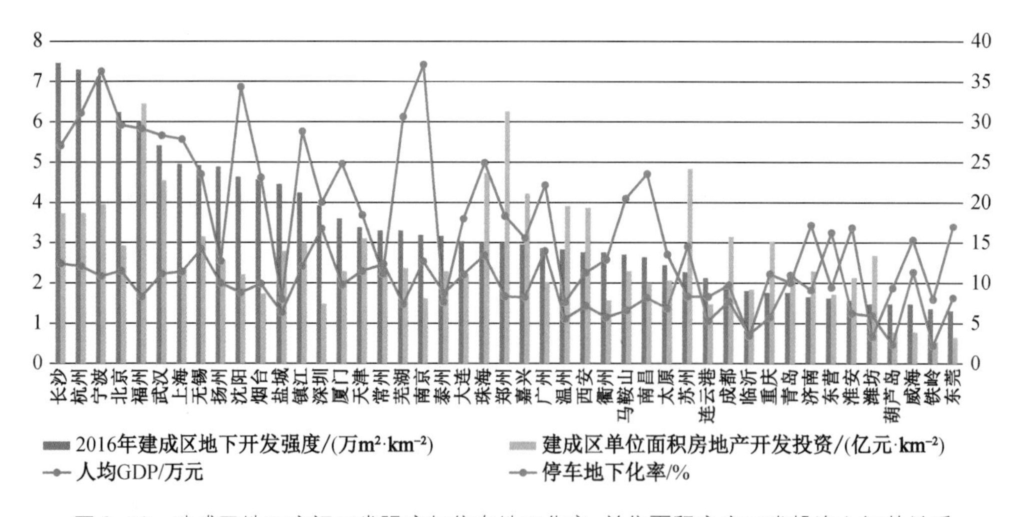

图 2-18 建成区地下空间开发强度与停车地下化率、单位面积房产开发投资之间的关系

(3) 停车地下化率。

如前所述，停车地下化率与人均地下空间规模和建成区地下空间开发强度之间均有显著的关系，可见，停车地下化水平与地下空间发展水平紧密相关，这在一定程度上印证了地下停车在地下空间利用中占有重要地位。与城镇化率也有较好的关联性，分

析发现停车地下化率与城市的多方面都有关系。

另一方面，停车地下化率与小汽车百人保有量之间有较显著的相关性，这可能是由地下停车发展相对小汽车普及的滞后性和各城市形态不同、停车空间紧缺程度各异所导致的；与人均 GDP 之间的关联性较低，说明经济更加发达的城市未必一定有较高的停车地下化水平，这同样与城市发展形态有关系。

(4) 地下空间社会主导化率。

通过相关性数据分析，城市地下空间社会主导化率、综合利用率与经济发展水平及市场开放度正相关。其中，东部沿海或沿江城市为地下空间社会主导，而中西部城市的地下空间开发多为政策主导，人防建设的功能比例较高。

3) 城市地下空间指标

长三角、珠三角区域是中国财富聚集区，也是地下空间开发水平较高集中区，尤其是江浙地区地下空间开发集聚明显，且江浙地区经济良好的县级市地下空间开发更为突出。其他区域县级市或县城地下空间开发还处于初级阶段，以政策引导的人防工程建设为主。

从小汽车保有量与地下停车化率指标分析，旅游为主导产业、资源型城市汽车保有量较高，如苏州、无锡、扬州、东营等。江浙地区以制造业为主导产业的县级市，该指标已超越部分中部、东北部城市，交通尤其是停车问题已成这类城市发展的重要问题。

东部地区城市汽车保有量大，地下停车化率也高，所以部分Ⅱ型大城市、中等城市停车压力相对略小；西部及东北地区部分大中城市汽车保有量小，即便地下停车化率不高，但其城市停车压力相对也小。停车压力较小的城市有江阴、海宁、珠海、常州、芜湖、东莞、温州、营口、马鞍山等。

地(县)级城市停车压力普遍低于直辖市、省会及副省级城市，停车压力较大的主要是资源型城市、经济发展快的东部地(县)级城市，这类城市汽车保有量较高，同时地下停车化率并不高。

人均地下空间规模与地下停车化率指标基本一致。

城市人口分布的不均衡性——城市核心区域人口过密，交通拥堵未得到解决(图 2-19)。

3. 2016 年地下空间开发排名

1) 人均地下空间开发城市排名 TOP10

在选取的 90 个样本城市中，人均地下空间规模城市排名 TOP10 的城市中有 8 座位于东部，这与目前中国地下空间的发展格局基本一致，东部也是地下空间发展最均衡地区。东北城市沈阳和中部城市武汉的地下空间大规模开发促使城市人均指标大幅上升(图 2-20)。

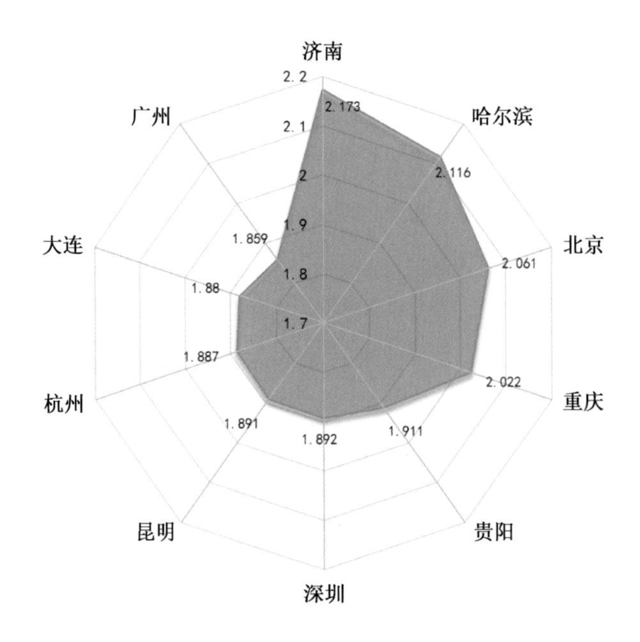

图 2-19　2016 年中国主要城市拥堵排名

（数据来源：高德地图）

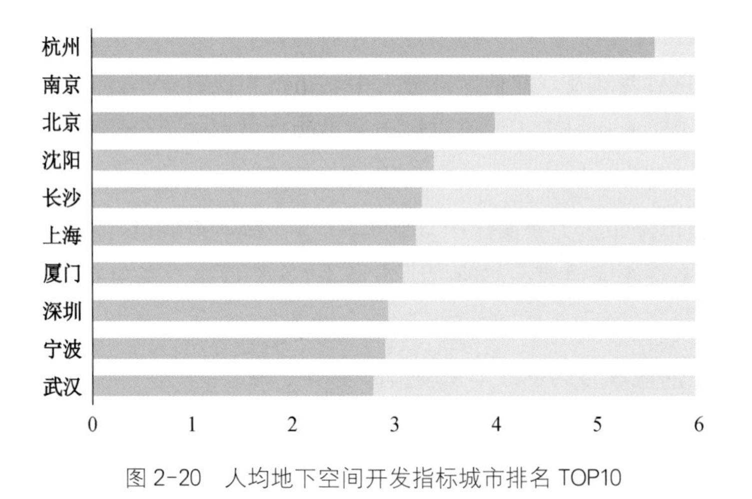

图 2-20　人均地下空间开发指标城市排名 TOP10

2）地下空间综合开发率城市排名

地下空间综合利用开发指数城市排名前 10 位的城市中，主要集中在江苏、广东和浙江等，均为沿海开放度高的城市，其地下空间开发整体水平较高，同时地下空间功能复合性也高，综合利用、平战结合利用较好（图 2-21）。

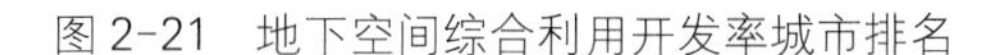

图 2-21 地下空间综合利用开发率城市排名

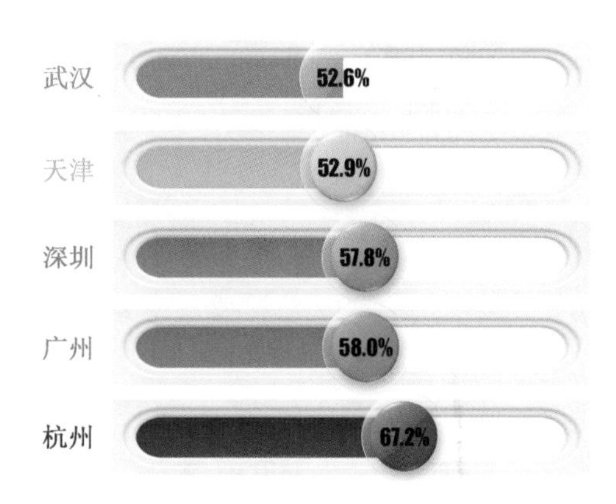

图 2-22 2016 年地下空间社会主导化率城市排名

3) 地下空间社会主导化率城市排名

2016 年,中国城市地下空间社会主导化率排名没有太大变化,杭州、广州、深圳仍是前三甲。社会主导化率较高的城市主要集中在东部,市场化程度较高,地下空间社会为主导。武汉近年来加大了地下空间的开发力度,在满足政策配建的基础上不断扩大社会投资,成为中西部唯一上榜的城市(图 2-22)。

2.3 2016 年地下空间各类设施建设

区域地下空间建设综合反映了该区域内城市地下功能设施的建设现状与发展态势。由于区域涵盖城市多,地下空间建设总量巨大,统计指标众多,比较所有地下空间统计指标并不能有针对性地呈现区域地下空间发展格局。因此,选取指向性突出、具有明显代表特征的公共地下空间建设作为分析对象,展现区域地下空间发展内容与方向。

本次提及的公共地下空间,指除配建停车以外的具有公共或半公共性质的地下空间,主要包括地下道路、地下步行街、地下过街通道、地下商业设施、地下市政站点等。

2.3.1 地下交通设施

交通拥堵与停车难是当前中国许多城市最早面临的核心问题之一,地下交通空间建设是解决中国许多城市交通问题的必然途径,2016 年,新增地下交通设施类型主要有轨道交通、隧道、地下快速路、地下过街通道、地下停车库等。

1) 轨道交通

截至 2016 年年末,中国(仅统计大陆地区)共 28 个城市开通轨道交通,运营线路总长度 3 860.8 km(含地铁、轻轨、单轨、市域快轨,下同),11 个城市的 13 条轨道线路开通运营，新增里程 322.4 km。福州、东莞、南宁、合肥 4 个城市加入中国轨道交通运营城市大家庭(图 2-23)。

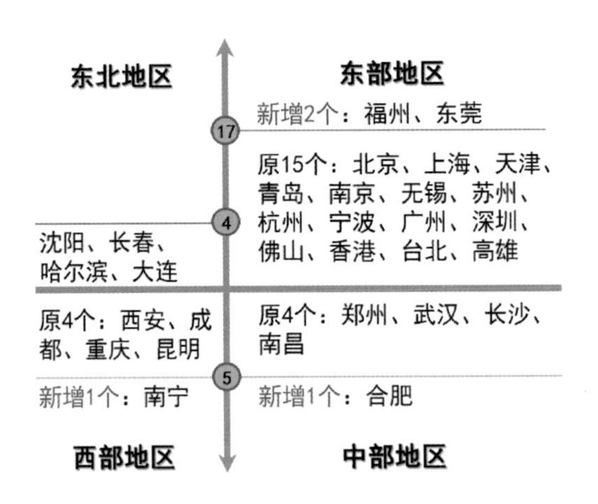

图 2-23　2016 年已开通轨道交通城市分布示意图

其中，2016 年新增投入运营线路最多的城市为深圳、长沙(2 条)；
新增运营里程最多的城市为深圳(55.6 km)；
新增车站最多的城市为深圳(48 座)。
如图 2-24、表 2-2 所示。

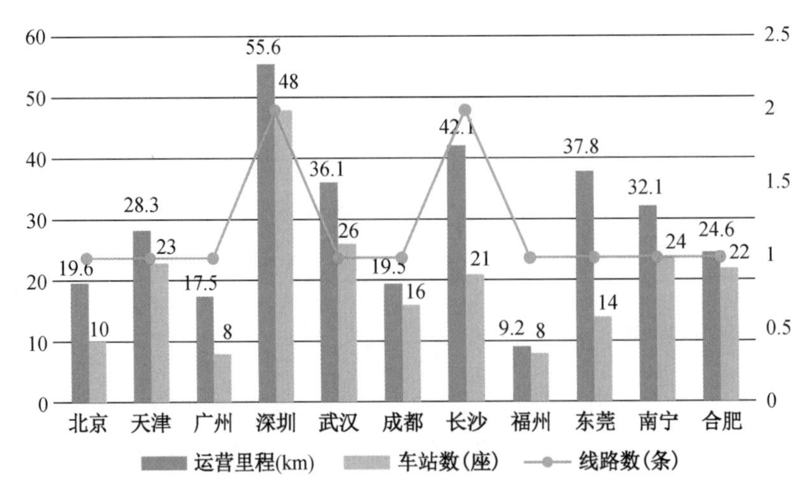

图 2-24　2016 年轨道交通新增建设与运营统计

(数据来源：《城市轨道交通 2016 年度统计和分析报告》，中国城市轨道交通协会)

表 2-2 2016 年新投运的线路具体数据一览表

序号＼指标	城市	线路名称	运营线路长度/km	平均站间距/km	投运时间
1	北京	16	19.6	2.38	12-31
2	天津	6	28.3	1.23	08-06
3	广州	7	17.5	2.19	12-28
4	深圳	7	30.2	1.12	10-28
5		9	25.4	1.21	10-28
6	武汉	6	36.1	1.37	12-28
7	成都	3	19.5	1.22	07-31
8	长沙	1	23.6	1.24	06-28
9		磁浮	18.5	9.28	05-06
10	福州	1 号线南段	9.2	1.15	05-18
11	东莞	2 号线	37.8	2.7	05-27
12	南宁	1 号线	32.1	1.34	06-28
13	合肥	1 号线一、二期	24.6	1.12	12-26
合计	—	—	322.4	—	—

资料来源:《城市轨道交通 2016 年度统计和分析报告》,中国城市轨道交通协会。

2) 其他地下交通设施

2016 年开工建设地下交通设施的城市总计 23 个,项目总数量为 47 个(图 2-25、图 2-26)。

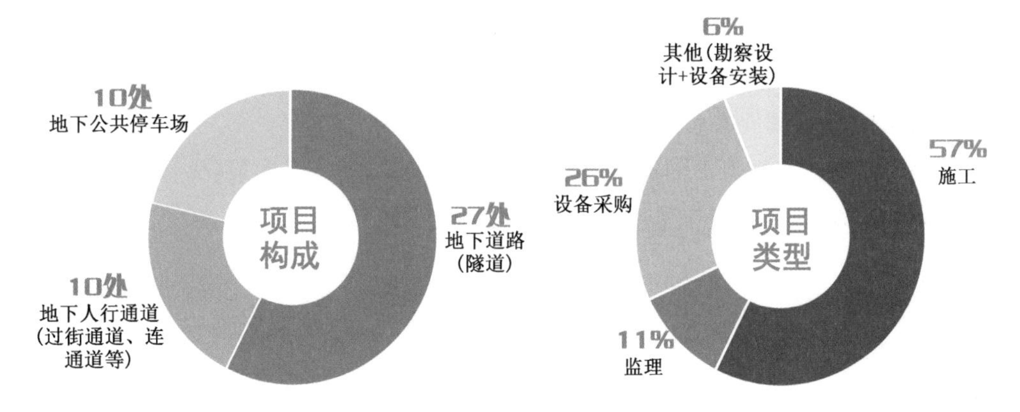

图 2-25 2016 年度地下交通项目构成(个)　图 2-26 2016 年度地下交通投资构成(万元)

2.3.2 地下市政设施

2016年开工建设地下市政设施的城市总计238个，项目总数量为338个。

1）综合管廊开工建设满堂红

根据住建部的2016年全国地下综合管廊开发建设项目统计数据，截至2016年年底，全国167个城市累计开工建设地下综合管廊2 548.47 km，其中西部地区拔得头筹，开工建设238条地下综合管廊，共计899.25 km（图2-27）。

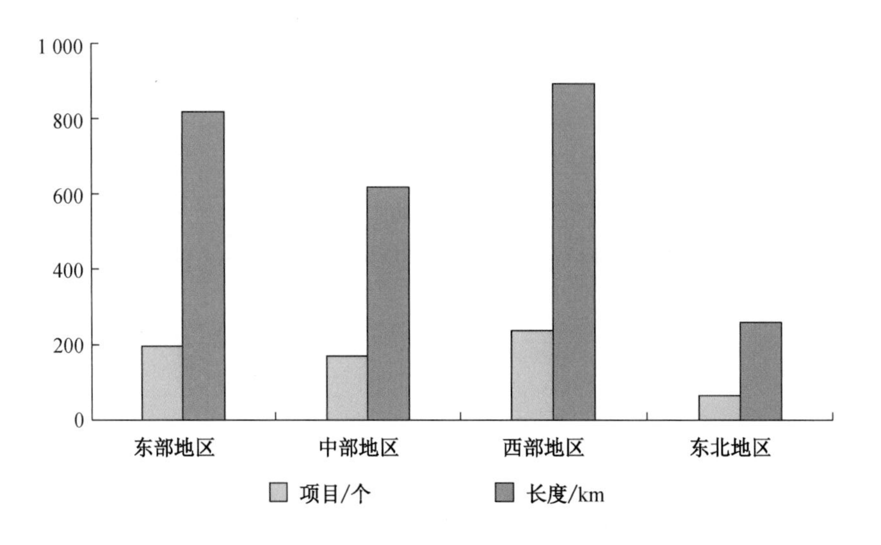

图2-27　2016年各地区地下综合管廊建设情况

为落实2016年《政府工作报告》中提出的关于"开工建设城市地下综合管廊2 000 km以上"的工作部署，全国地下综合管廊的建设如同遍地开花，积极落实工作任务，尤其是安徽省、山东省、湖北省和四川省，几乎是全省一片红。

受益于政府强大的财政支持，兴建综合管廊的城市之间并不存在经济和区位的差距，大量中西部的经济不太发达的城市也在积极投入建设综合管廊。

2）市政站点与经济发展密切

和综合管廊建设显著不同的是，市政站点的分布趋势非常明显，大部分集中在南宁—齐齐哈尔以东，个别城市呈现项目扎堆的情况（图2-28）。

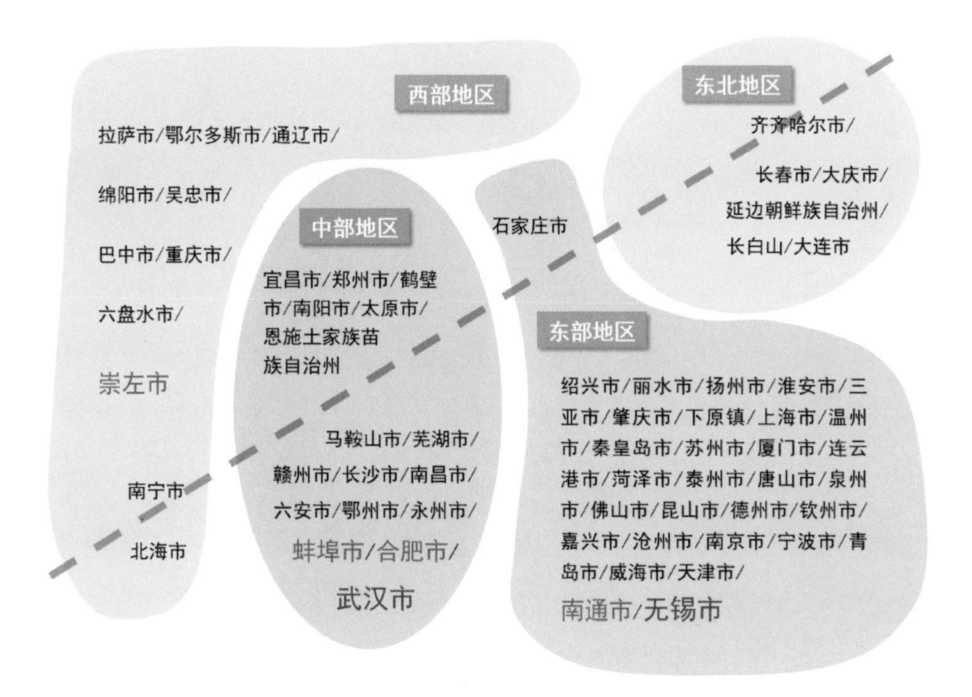

图 2-28　2016 年各地区地下市政设施(不含综合管廊)建设情况

2.3.3　地下综合空间

2016 年公共地下空间大部分分布在直辖市和省会城市，大部分结合交通枢纽、广场建设。

长三角地区为地下综合空间建设热点地区，投资环境优于其他区域，其建设项目数量超全国 41%(图 2-29、图 2-30)。

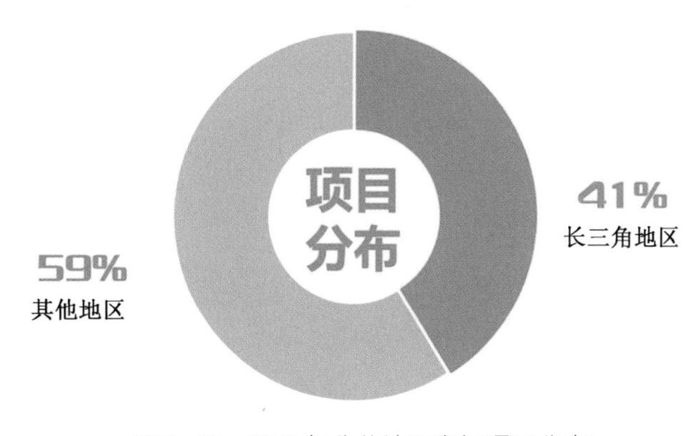

图 2-29　2016 年公共地下空间项目分布

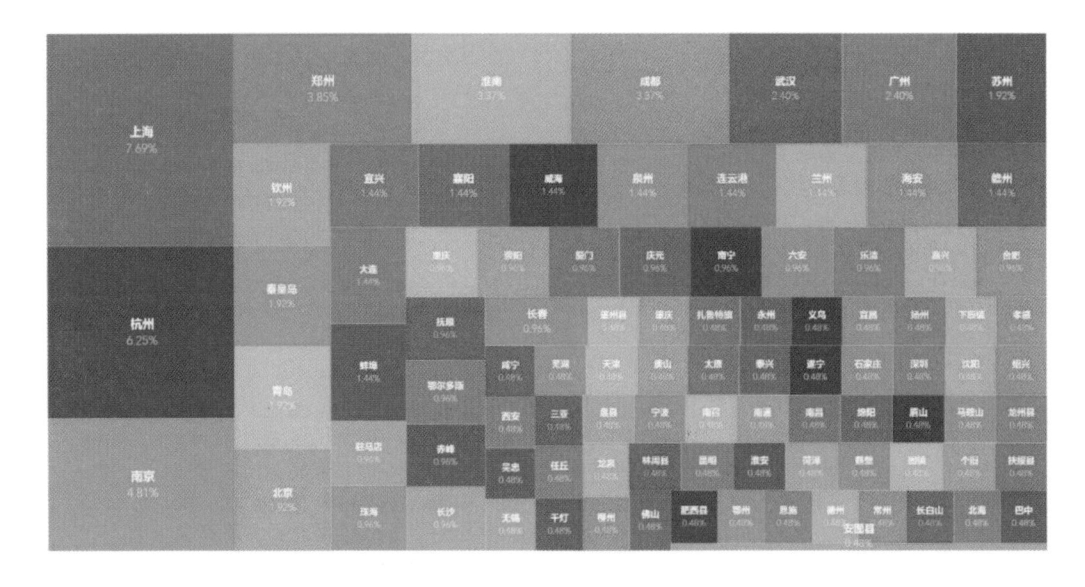

图 2-30　各区域 2016 年新建公共地下空间分布图

2.4　地下空间未来发展趋势及问题预警

以轨道交通建设为契机，城市格局发生剧烈变化，地下建筑综合体蓬勃发展，基础设施也迎来了入地和整合改造。

1. 地下空间未来发展趋势

（1）与未来中国城市格局相对应的地下空间开发：中国城市发展正在呈现“东中一体，外围倾斜”的新格局，位于重要节点和廊道的城市将迎来地下空间的发展机遇。东部与中部的交通网络已经完成，人口也正在从东部向中部回流，东部和中部的一体化进程初见倪端。地下空间的发展也将在这一趋势下呈现出新的态势，城市在地下管廊、地下停车、轨道交通等建设将呈现快速发展态势；针对这些城市的地下空间开发规划研究以及适应其独特气候、地理地质特点的技术研究也提上了日程。

（2）精细化的地下空间开发模式：当前地下空间开发建设已呈现功能综合化、连通立体化、多区一体化等趋势。

大型地下综合体的建设已经成为城市地下建筑的重要形式。目前较多的是依托地铁站点建设的地下街、地下商业综合体或综合了地铁、火车、客运、社会化停车等两种或多种交通功能的地下建筑。集地上地下于一体的建筑综合体可以充分实现不同层面和功能空间人流的流动，紧凑布局空间，减少步行距离，也将是未来地下空间发展的主要方式之一。在城市新城核心区的开发中，可以利用其起点高、需求大、制约少的特点，较大规模地整体开发利用地下空间。

2. 主要问题

（1）关于地下空间的定位与效益的认识不足。

没有把地下空间作为资源保护和合理利用；城市总体规划不是三维立体，城市地下空间规划的作用没有显现。

过多看重地下空间工程造价，对地下空间产生的环境效益、社会效益没有合理的量化方法，地下空间综合效益没有得到重视。

（2）地下空间法治体系和管理体制不够完善。

法治管理的理论与实践不完善。规划编制有市场无规范，编制机构有资质无专业。

（3）地下空间资源和既有地下空间的探测。

既有建筑和已建地下空间开发技术，老城市区狭小空间内开发地下空间技术。

B3 行业与市场

Blue book

唐菲　常伟

3.1 以地铁为主的轨道交通

3.1.1 东部地区仍是领头羊

2016年,中国城市轨道交通与2015年相比,总体设计的市场金额增长150%,土建监理的市场金额增长了30%,发展势头相当迅猛,为2017年的线路开工奠定了坚实的基础(图3-1)。

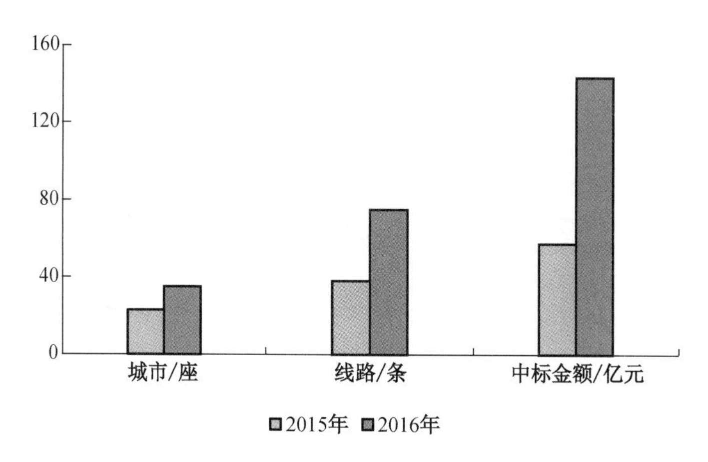

图3-1 2015—2016年轨道交通市场情况比较

(资料来源:发改委,中国城市轨道交通协会《城市轨道交通2016年度统计和分析报告》)

在轨道交通总体设计市场中,东部地区较2015年增长幅度达到180%,西部地区增长幅度为126%。在快速城镇化发展背景下,城市传统的地面交通模式已经不能满足需求,在相当长的一段时间内,在稳增长仍需要投资主打的情况下,城市轨道交通是与供给需求契合度最高的领域。

东部城市经济发展相对比较均衡,人口规模基数较大,城市集聚能力强,交通矛盾突出。轨道交通对缓解大基数的交通集散效应最大,目前东部城市的轨道交通建设已经渐成网络。轨道交通在东部城市公共交通中承担的比例在稳步提升,因此,预计"十三五"期间,东部地区仍然是轨道交通建设的重点区域(图3-2、图3-3)。

通过研究2016年轨道交通总体设计招标项目的城市分布发现,随着轨道交通项目的快速推进,拟建轨道交通的城市正从省会级及以上城市逐渐向一般城市普及,城市行政级别不再是开通轨道交通的首要因素,如江苏常州市、浙江金华市。

在"堵车是必然,不堵是偶然"的城市交通环境下,新一轮城市轨道交通建设热潮涌动且阵营还在扩围。轨道交通或将成为城市的“标配”。

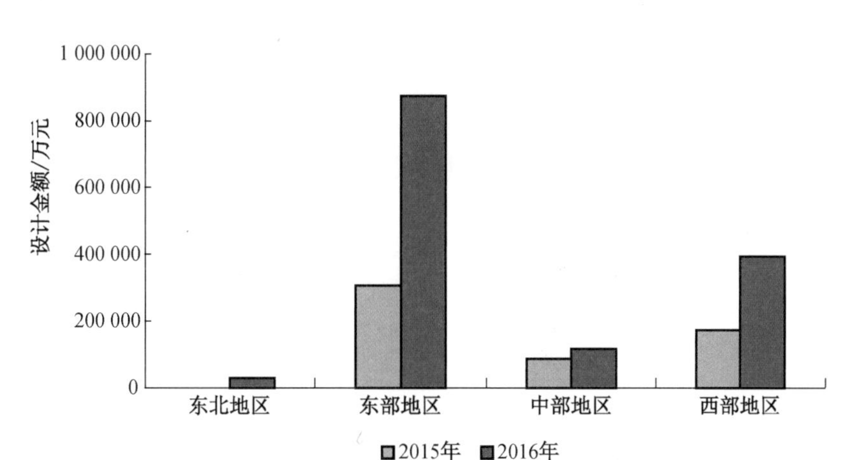

图 3-2 2015 年与 2016 年轨道交通总体设计金额情况一览

（资料来源：根据发改委、中国招标网数据整合）

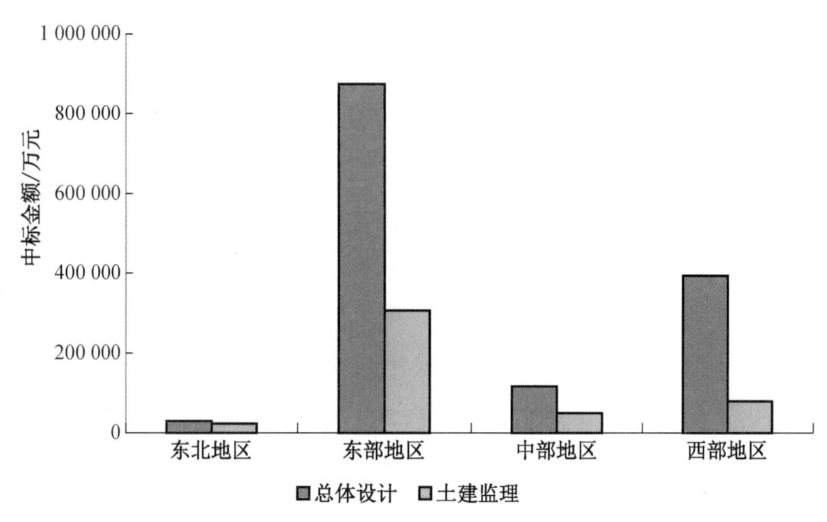

图 3-3 2016 年轨道交通市场中标金额情况一览

（资料来源：根据发改委、中国招标网数据整合）

3.1.2 规划审批权限下放是双刃剑

2015 年 11 月，继 2013 年国务院下放项目核准权之后，城市轨道交通建设规划的审批权限下放。

2016 年，国务院批准芜湖、绍兴、洛阳几个地铁新兴城市轨道交通建设规划，并由国家发改委正式下发。审批权限下放为地方轨道交通发展带来便利，减少审批流程，提高工作效率，有利于地方加快前期工作进度。但城市轨道交通建设造价高昂，且目前中国轨道交通的运营及维护主要依靠财政补贴，对于中西部城市来说，尤其是经济次发达城市压力很大，盲目建设并不利于城市的发展(图 3-4)。

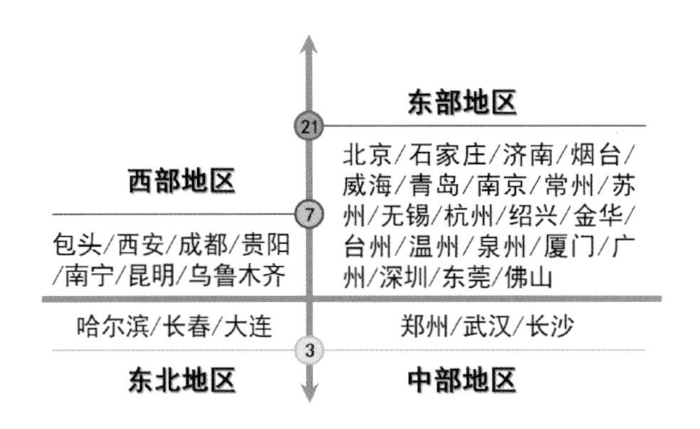

图 3-4　2016 年轨道交通总体设计城市分布示意图

（资料来源：根据发改委、中国招标网数据整合）

在审批权下放背景下的未来轨道交通行业发展的特征及相应建议如下：

第一，受城市经济发展水平和人口密度影响，新开通城市轨道交通的城市，尤其是中西部城市，其票价不宜定价太高。

第二，城市轨道建设初期，地下交通组织网络尚未形成，轨道交通的运营效率往往大打折扣，与北京、上海等轨道交通发展较成熟的城市不具有同期可比性，可借鉴这些城市的轨道交通以及其影响范围内的地下空间发展模式。

第三，PPP 是近年来筹措城市轨道交通建设资金的一种模式，一般的 PPP 项目盈利率是 8%～9%，而根据发改委及各城市轨道交通官网数据披露，很多城市的轨道交通项目盈利率仅有 5%～7%。较薄的利润空间和尚未成熟的盈利模式难以吸引社会资本进入，主要是靠地方财政投入。

审批权的下放是否能快速促进城市发展还有待时间的验证。

3.1.3 “中”字企业市场地位难以撼动

2016 年，在中国城市轨道交通总体设计市场中，主要以北京城建院、上海隧道院、广州地铁院、铁一院、铁二院、铁三院、铁四院、北京市政院、上海城建院、中铁上海设计院、中铁工程设计咨询等企业为主。

2016 年，在中国城市轨道交通施工勘察、基础建设市场中，主要有中国中铁股份有限公司、中国铁建股份有限公司、中国建筑股份有限公司、中国电力建设股份有限公司、中国交通建设股份有限公司等国内综合实力超强的集团公司(图 3-5)。

14 座—中铁第四勘察设计院有限公司
12 座—北京城建设计发展集团股份有限公司
8 座—铁道第三勘察设计院集团有限公司

19 条—中铁第四勘察设计院有限公司
18 条—北京城建设计发展集团股份有限公司
8 条—铁道第三勘察设计院集团有限公司

37.7 亿元—中铁第四勘察设计院有限公司
29.64 亿元—北京城建设计发展集团股份有限公司
23.97 亿元—铁道第三勘察设计院集团有限公司

图 3-5　地下空间的中坚企业示意

总览众多参与中国城市轨道交通建设施工总承包及土建施工的企业,“中”字头企业仍占主导。其中,土建施工市场依旧被包括中铁四局、中铁一局、中铁隧道等单位的中国中铁股份有限公司(以下简称中国中铁)和以包括中铁十一局、中铁十六局等单位的中国铁建股份有限公司(以下简称中国铁建)两大集团公司占领,成为该市场第一阵营。此外,上海市隧道工程轨道交通设计研究院作为具有雄厚实力的上市公司,也取得了不俗的市场业绩,“单打独斗”进入了前三甲。

处于第二阵营的则是各城市的建工集团、市政集团等企业,由于具有区域优势,在当地城市轨道交通建设中分得一杯羹。

第三阵营则为部分当地企业。不过相比第一阵营的中国中铁和中国铁建,第二阵营和第三阵营的企业虽然众多,但是单个企业中标次数则较少(图 3-6)。

因此,从企业自身资历、建设经验以及专业人才等方面综合评价,在相当长的一段时间内,中字头企业依然是城市轨道交通施工勘察、基础建设市场中的重要角色。

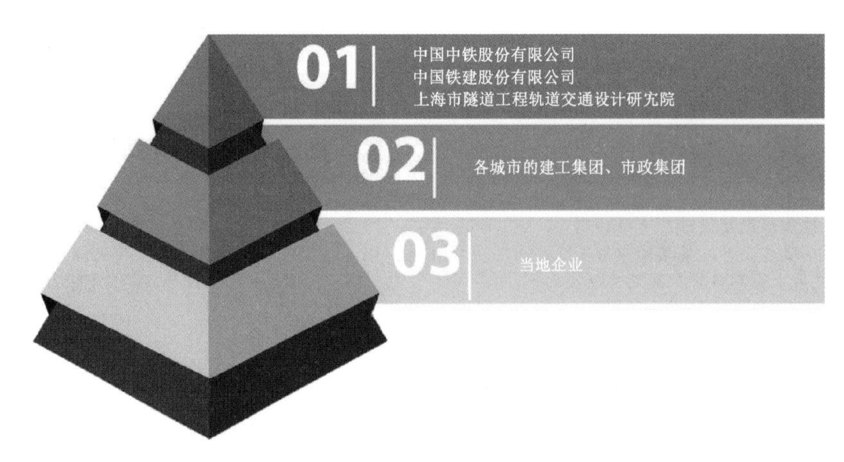

图 3-6　中国城市轨道交通建设施工总承包及土建施工的企业梯队

（数据来源：根据中国轨道交通网数据整理）

3.1.4　委外是市场趋势

当轨道交通开通运营后，每一条线路均需要配备保管、安全和紧急医务人员。自动列车系统设有专门在监控室工作的监督员，而手动列车系统除了需要监控室的监督员外，还需要操作员一名。除此之外，轨道交通系统还包括负责运行、扩建和整修，需要制定预算并监督施工的管理人员、维修工作人员，负责对其结构与设施进行周期性的养护维修工作（图 3-7）。

综上所述，轨道交通的基本人才需求包括通信、信号、机电、供电、车辆（负责车辆的运行保障、故障诊断及维修）、工务（负责地铁线路及隧道设备的保养与维修）等多种技术技能型运维岗位人员，以及司机、站务等服务型运营人员。

截至 2016 年年底，28 个开通的城市均成立了专门的运营公司，负责线路的运营、列车及轨道的维护、保养、维修等工作。维保服务目前存在两种形式：运营方维保和委托专业公司维保。设备、设施委外维保模式是国内外轨道交通行业流行的维护模式。已开通的 28 座城市中，已经有半数以上城市采用委外模式进行运维。

目前委外公司知名的有北京锦源汇智科技有限公司、上海地铁维护保障有限公司、中国铁路通信信号上海工程局集团有限公司、中国通信建设第四工程局有限公司、中铁一局集团新运工程有限公司等。

未来轨道交通的委外模式将成为一种趋势，存在巨大市场潜力。

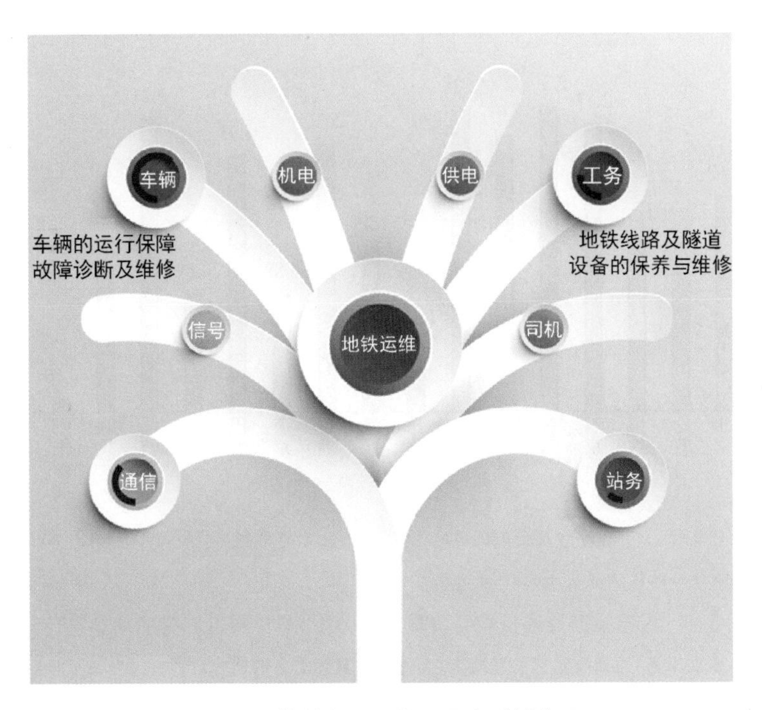

图 3-7 轨道交通运维人员类型树状图

3.1.5 甩开财政包袱之路任重道远

在世界轨道交通建设长度城市排名中，前十位中国获得 4 席，前二十位中国获得 7 席[①]。从地铁运输能力来看，除了广州每公里日均客流量强度达到 200 万人次/100 km以上，北京、上海在 160 万人次/100 km 左右，深圳、南京、重庆和武汉都在 100 万人次/100 km 左右，其他城市的运输能力更低。

客流量直接关系到票价收入，参照盈利的香港(日均客流量 202 万人次/100 km)作为衡量标准，运营的低效率直接影响中国轨道交通的可持续发展，要走出“财政包袱”的路任重道远(图 3-8)。

尽管各地大兴轨道交通，用以缓解交通拥挤，但建设和运营资金的来源仍是必须解决的重要问题。由于各地的财政收入有限，同时拆迁成本越来越高，单纯依赖政府投入，已经难以实施轨道交通建设。非区域中心城市尤其是中西部城市，地方财力有限，在融资和偿还债务上存在很大困难。

① 世界城市轨道交通列表. https://zh.wikipedia.org/wiki/%E4%B8%96%E7%95%8C%E5%90%84%E5%9F%8E%E5%B8%82%E5%9C%B0%E9%90%B5%E5%88%97%E8%A1%A8 维基百科.

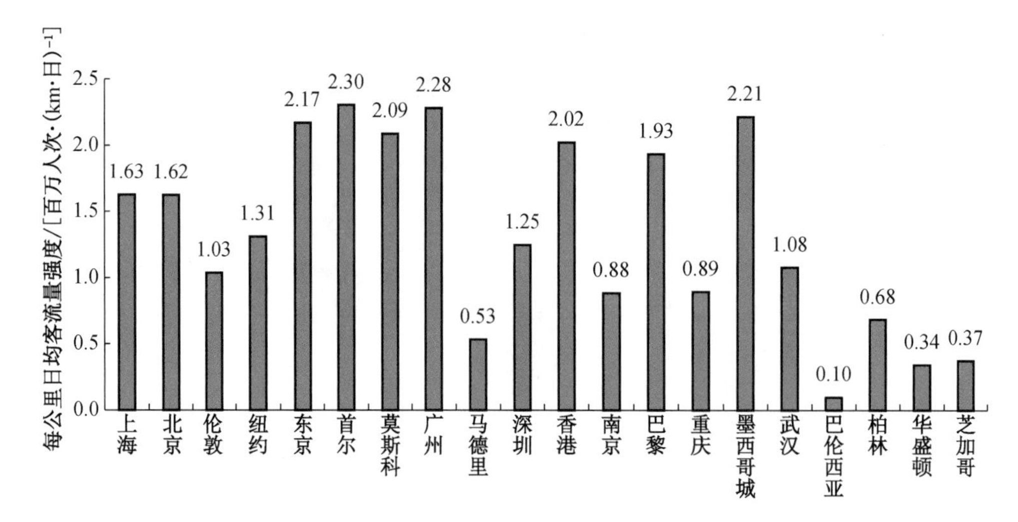

注：客流量计算时，上海磁浮线及金山铁路的长度计入；北京市郊铁路（北京城铁）未计入；伦敦地上铁未计入；首尔广域电铁和私铁线路未计入；广州数据广佛线计入。

图 3-8　城市轨道交通日均客流量强度分析(总里程世界排名前 20 城市)

（数据来源：中国数据引自发改委，其他国家数据引自各城市地铁公司官网数据）

3.1.6　新增开工投资逐季攀升

1）总投资

根据发改委、中国轨道交通网数据统计，2016 年新增开工轨道交通的投资份额按季度不断攀升(图 3-9)。

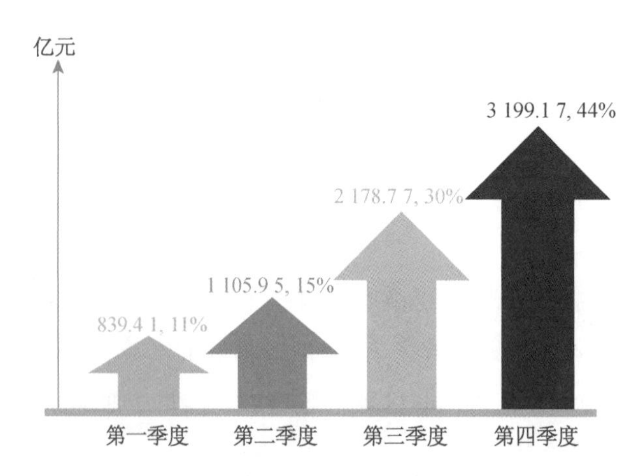

图 3-9　2016 年新增开工轨道交通投资额按季度分析图

（数据来源：中国轨道交通网；有轨电车、市域铁路不计入统计）

根据中国轨道交通网数据统计，2016 年第一季度、第二季度新增开工线路 15 条，比 2015 年同期新增 13 条，其中 12 条为全新线路开工，里程长、站点多，因此 2016 年第一、二季度轨道交通市场投资额比 2015 年增长 1 793.76 亿元。

2016 年第三季度轨道交通市场再攀高峰，投资额达 2 179 亿元。第四季度新增开工 20 条线路，站点多，市场再创辉煌，投资额高达 3 199 亿元，但仍低于 2015 年同期投资额，主要原因是 2015 年第四季度有 17 座城市共 30 条线路开工，开工线路数量和里程均为近年来罕见，相比之下，2016 年第四季度开工线路、里程与投资额被拉开差距，造成 2016 年逐季高增长状态下同比下滑。

2）各城市投资情况

2016 年，全国共 22 个城市新增开工建设轨道交通，投资总额高达 7 423 亿元，平均城市单位里程投资额约为 6.7 亿元，平均城市单位车站投资额约 11 亿元。

其中，以城市轨道交通的总投资额为研究对象，成都蝉联冠军，新增开工线路 6 条，建设里程达 167 km，车站 93 座，投资额 1 098 亿元；最低的城市是兰州，全年新开工里程最短，投资额约 9 亿元。

另外，以城市轨道交通的单位里程投资额为研究对象，芜湖最低，约 3.4 亿元；兰州最高，约 10 亿元，这与城市的地质、轨道交通修建的技术以及难易程度等因素有关（图 3-10）。

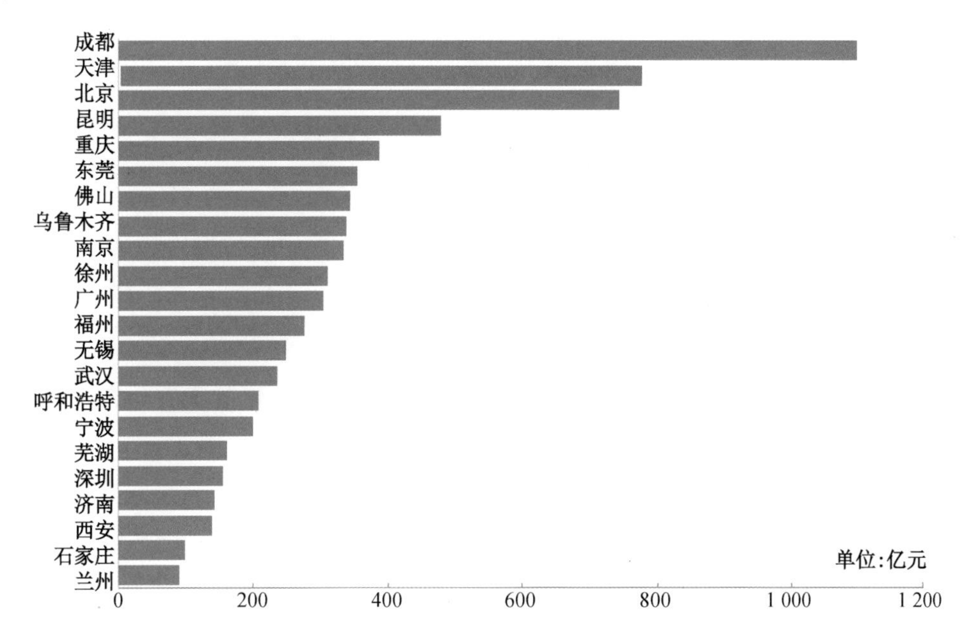

图 3-10　2016 年中国城市轨道交通新增开工城市投资概况图

（资料来源：中国轨道交通网，有轨电车、市域铁路不计入统计）

3.1.7 建设运营“北上广”领跑

1. 发展评价体系

通过建立城市轨道交通发展评价模型，比较 28 个开通城市的经济、社会与轨道发展的关系，判断各城市轨道交通发展阶段与真实水平。

评价模型选取 10 个指标，包含城市社会和经济、城市交通及轨道交通 3 大类。

其中，城市交通指标包括拥堵成本、通勤成本、通勤支出占人均消费支出比重。

轨道交通专有指标包含轨道交通覆盖率、轨道交通分担率、每公里日均客流量等（图 3-11）。

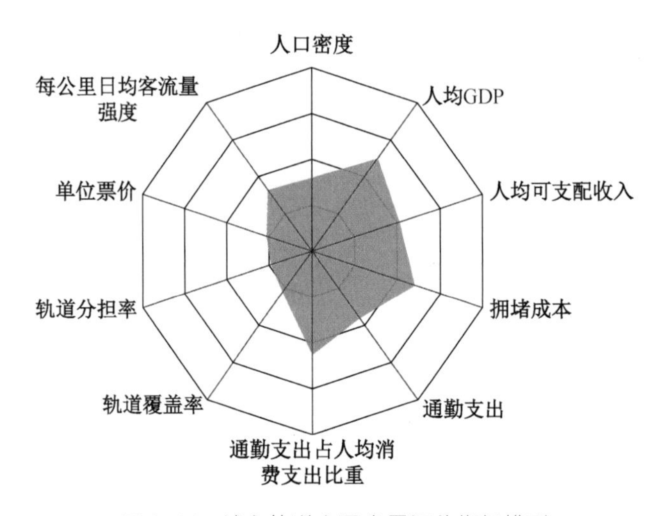

图 3-11 城市轨道交通发展评价指标模型

1）轨道交通分担率

指在公交出行客运总量中由轨道交通所承担的客运量比例。衡量城市轨道交通发展、城市交通结构合理性的重要指标。

2）轨道交通覆盖率

城市运营轨道线路的长度与建成区面积之比，衡量轨道交通的运力与客流需求关系的重要指标。

3）单位票价

城市各运营线路的票价之和与轨道线路总长度之比，衡量轨道交通票价定制与市民通勤成本的重要指标。

4）每公里日均客流量强度

简称“负荷强度”，每公里每日轨道截面的客流量，衡量轨道交通运行效率的重要指标。

2. 领跑城市

北京、上海、广州作为轨道交通建设的领跑者，在建设、运营水平、管理服务等方面都领先于其他城市，成为了良好的城市名片(图 3-12)。

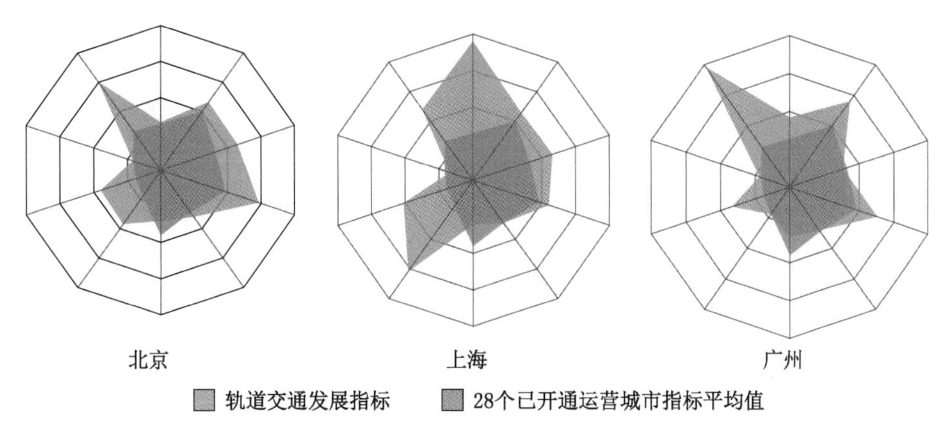

图 3-12 “北上广”轨道交通综合实力

(数据来源：各城市地铁公司官方数据或当地统计年鉴，因统计口径不同可能与实际情况存在差异)

其中，广州轨道交通里程不及北京、上海的一半，但负荷强度(每公里日均客流量强度)却比北京、上海高，这其中有以下几个原因：

第一，与城市产业特征有关。作为典型的商贸中心城市，广州的人与物的流通需求更大、频率更高。

第二，与城市布局结构息息相关。广州是单中心格局城市，钟摆式交通现象明显，由越秀区、天河区构成的高聚集、高密度核心区，每天大量的人流往返穿梭于外围区与核心区。

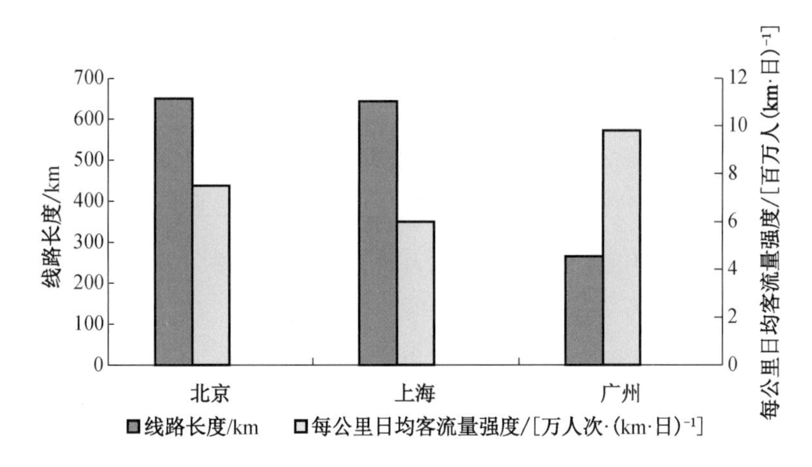

图 3-13 北上广轨道交通长度与日客流量对比

(数据来源：各城市地铁公司官方数据或当地统计年鉴，因统计口径不同可能与实际情况存在差异)

第三，广州轨道交通运营人性化。在地面交通复杂与拥堵背景下，其运营和服务高水平、相对便宜的票价，让城市居民对轨道交通产生了较高的依赖度。

3. 国家中心城市

2010 年 2 月，住房和城乡建设部城镇体系规划课题组所编制的《全国城镇体系规划(2010—2020 年)(草案)》在"全球职能城市"的基础上，提出国家级中心城市的概念，侧重于对国内城镇体系的影响，将北京、天津、上海、广州、重庆确定为国家中心城市。2016 年 5 月，成都被列为国家中心城市。同年 12 月，武汉和郑州被列为国家中心城市。

在 8 个国家中心城市中，由于北京、上海、广州 3 个城市的经济水平、城市建设能力、轨道发展历程与其他 5 个城市都不在一个量纲上，因此本次将天津、重庆、成都、武汉和郑州这 5 个国家中心城市进行对比，并以天津为例着重分析。

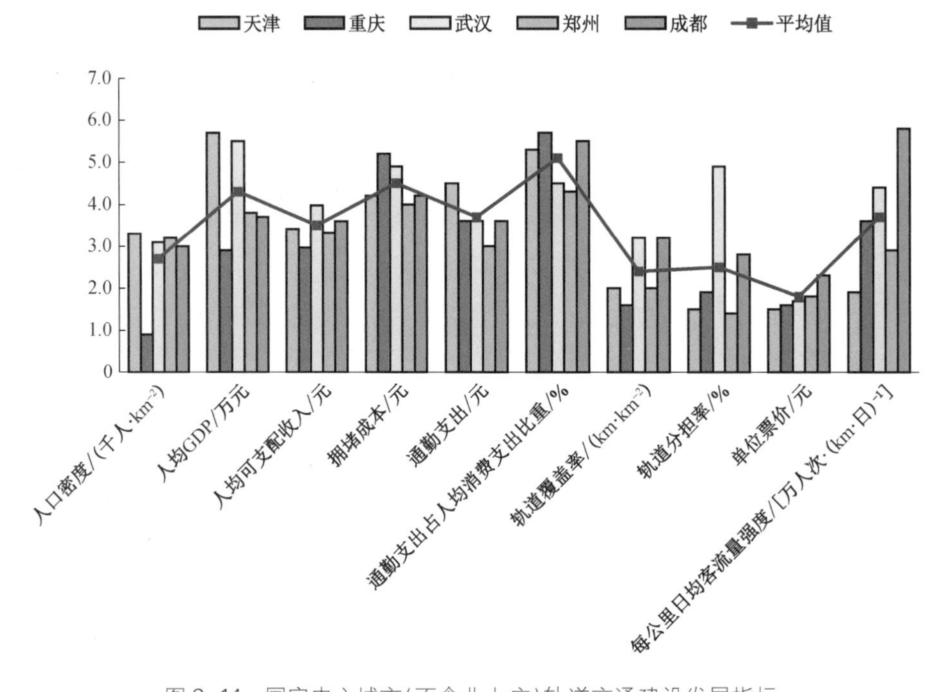

图 3-14 国家中心城市(不含北上广)轨道交通建设发展指标

数据来源：高德地图、各城市地铁公司官方数据或当地统计年鉴，因统计口径不同可能与实际情况存在差异)

天津城市定位为：中国北方经济中心、环渤海地区经济中心、中国北方国际航运中心、中国北方国际物流中心、国际港口城市和生态城市(根据 2010 年国务院印发《全国主体功能区规划》以及国务院批复的《天津市城市总体规划(2005—2020 年)》)。

天津市是 2007 年《全国城镇体系规划(2006—2020 年)》首次提出的"国家中心城市"之一，也是中国第二个拥有城市轨道交通线的城市。总览所有的国家中心城市，天津的轨道交通建设之路比较缓慢。

天津的轨道交通覆盖率、分担率及客流强度等指标，均处于国家中心城市(除北上广)平均水平以下。其城市轨道交通发展缓慢的原因主要有3点：首先，城市区位与定位，紧邻首都且非旅游城市；其次，“女”字形的路线布局，与城市发展结合不够密切，重要商圈和居民区的轨道交通覆盖率不足，导致客流量少；最后，轨道线未能形成网络，市区与滨海的双城结构，职住分离严重，目前只能通过9号线连接，其余均依托公共汽车及班车作为通勤工具。

中国政府提倡并主导的“一带一路”倡议，对于未来区域开放格局将产生深远影响。“一带一路”倡议使我国对外开放格局从过去的沿海一个方向转向沿海与内陆边境两个维度，由此将形成纵深联动的区域开发局面。在接下来的20年里，一批重大区域性综合交通枢纽设施，重大国家级政策将向中西部地区甚至边境地区倾斜。

而轨道交通建设作为供给侧改革的手段之一，能够拉动城市内需，带动周边经济快速增长，推动轨道沿线腹地的地下空间大规模建设。因此，郑州、成都、武汉和重庆在今后的5～10年内轨道交通的建设力度将会很大。

4. 区域中心城市

根据中国城镇体系层级划分，截至2016年年底已开通城市轨道交通的城市中，有16个属于区域中心城市，其中，东部地区有6个，东北地区有4个，中部和西部地区各有3个。这16个区域中心城市，发展水平参差不齐，其中福州、南宁、合肥属于首次开通的城市。

1) 东北地区

东北地区共4个区域中心城市开通轨道交通，分别为长春、哈尔滨、沈阳、大连。

长春是中国最早规划轨道交通的城市，也是中国最早建成轻轨的城市。但长春市的轨道交通建设明显落后其他3个城市。

截至2016年年底，长春共开通运营2条轻轨线，其中轻轨3号线大量路段采用了地面线敷设的方式，在一些路口需与机动车辆以及行人混行，导致运行效率不高。

哈尔滨至2016年年底虽然只开通了1条城市轨道交通线，作为中国首个高寒地铁系统的一部分，无疑是成功的。首先1号线的穿越被称为哈尔滨市“龙脊”，1号线所经地区是哈尔滨市人口最密集地区；其次是天气，出行不再受天气影响。因此哈尔滨虽然只运营了1条线路，但是客流强度却是东北地区最高的(图3-15)。

2) 西部地区

西部3个区域中心城市开通轨道交通，分别为西安、南宁和昆明。

西安仅运营了3条线路，但每公里日均客流量强度中国排名第二，仅次于广州。

目前，西安轨道交通客流量遇节假日就创新高，这个特征在中国仅开通两三条线路的城市中可谓翘楚(图3-16)。

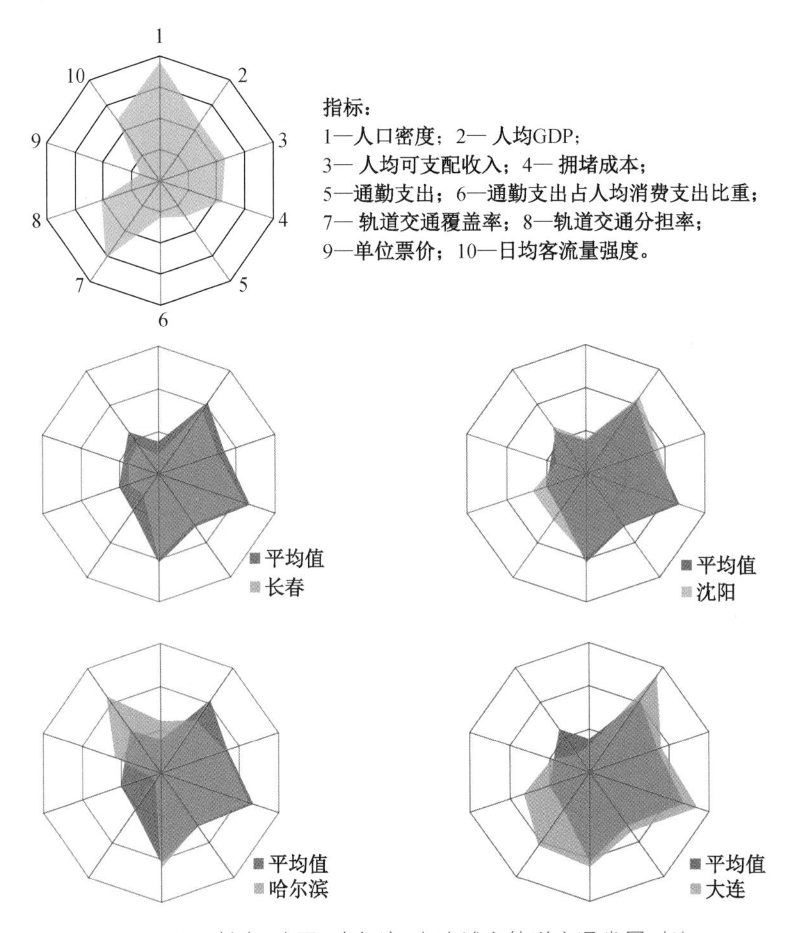

图 3-15　长春、沈阳、哈尔滨、大连城市轨道交通发展对比

（数据来源：各城市地铁公司官方数据或当地统计年鉴，因统计口径不同可能与实际情况存在差异）

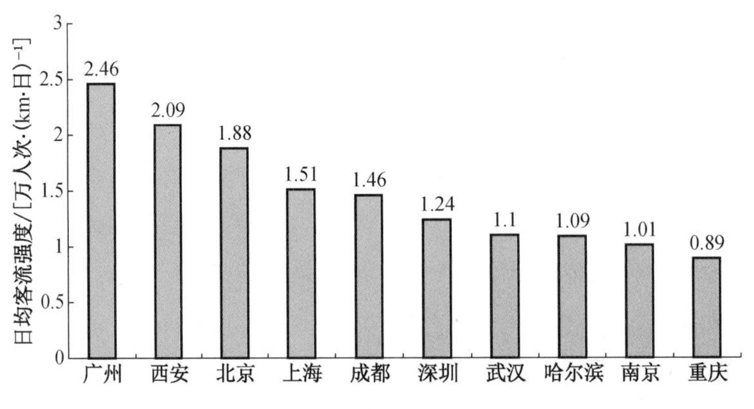

图 3-16　日均客流强度前十位城市

（数据来源：各城市地铁公司官方数据或当地统计年鉴，因统计口径不同可能与实际情况存在差异）

西安是历史文化名城，也是国际著名的旅游目的地城市，全年旅游人口居高不下。西安是西部最大城市，拥有的在校大学生和研究生数量处于全国前列，学生族的出行更依赖于轨道交通。西安是西北、西南通往华东、华北、东北的交通枢纽，轨道交通线网的合理布局，串联了多个交通枢纽，流动人口众多。综上，单看负荷强度指标，西安轨道交通效率较高。

陕西省的"十三五"规划，提出"大西安"建设口号，西咸新区国家级新区与西安的紧密联系，轨道交通建设的步伐将会加快(图 3-17)。

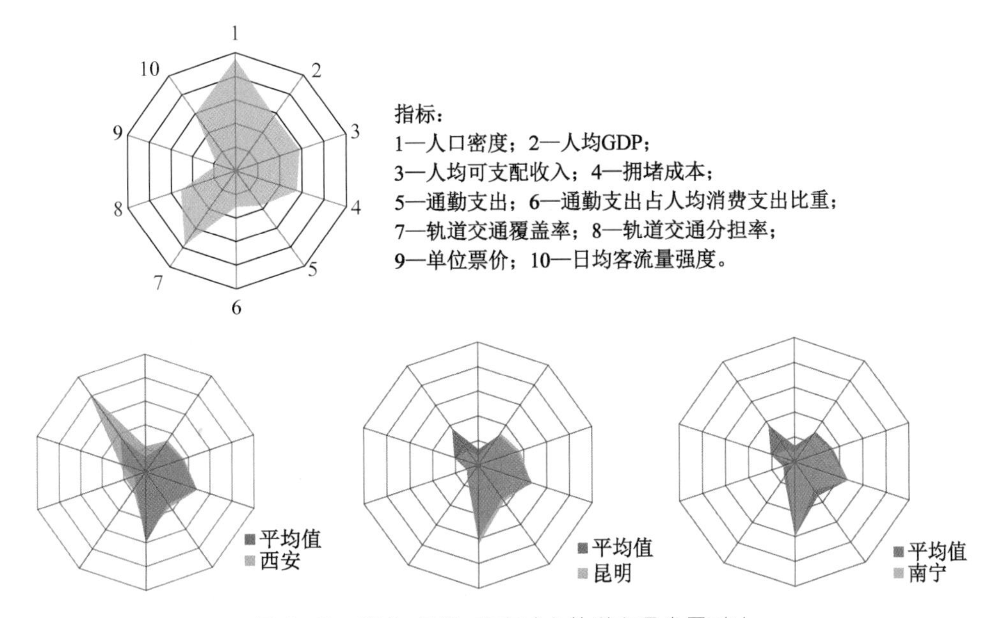

图 3-17 西安、昆明、南宁城市轨道交通发展对比

（数据来源：高德地图、各城市地铁公司官方数据或当地统计年鉴，因统计口径不同可能与实际情况存在差异）

3）中部地区

中部地区范围包括山西、河南、安徽、湖北、湖南和江西共计 6 省。其中湖北省省会武汉、河南省省会郑州已是国家中心城市，山西省省会太原至今还未开通轨道交通，江西南昌于 2015 年、安徽合肥于 2016 年开通第 1 条，湖南长沙截至 2016 年年底开通 2 条线路。轨道交通建设整体水平较弱。

随着京沪高铁、沪汉蓉快速铁路的贯通，合肥交通面貌焕然一新，成为连接华东、华北、华中的枢纽和长三角最理想产业转移基地。交通的改善、雄厚的科技实力等，将会成就合肥未来的高速发展，轨道交通建设高峰必将带动地下空间的大规模建设(图 3-18)。

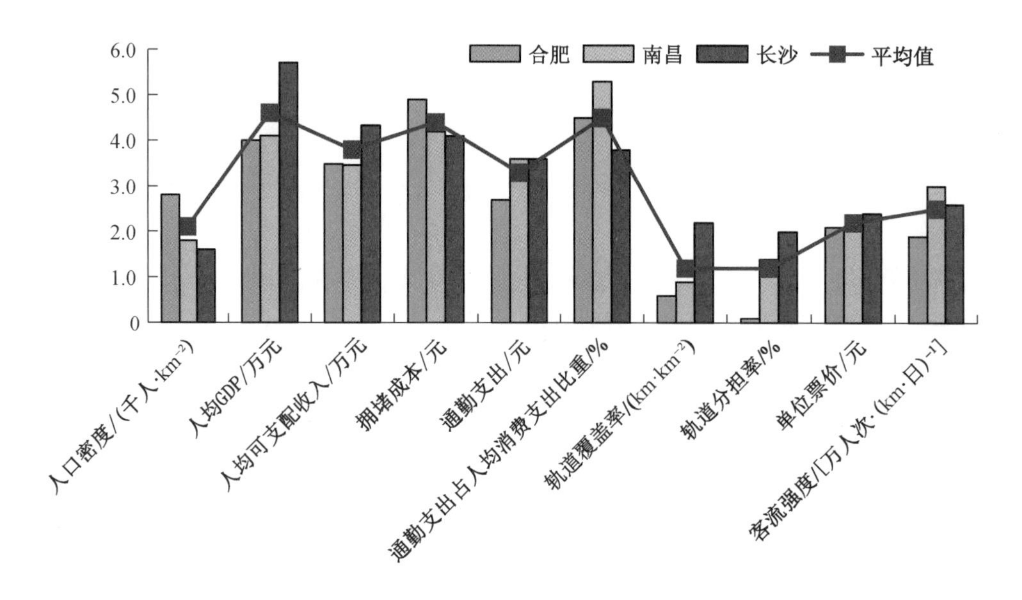

图 3-18　中部地区国家区域中心城市轨道交通建设发展指标

（数据来源：高德地图、各城市地铁公司官方数据或当地统计年鉴，因统计口径不同可能与实际情况存在差异）

4）东部地区

东部地区是中国社会经济发展最发达的区域，北京、天津、上海、南京、广州、深圳等大都市均位于东部，轨道交通建设也是如此，无论从建设强度、客流、运营状况等都处于中国前列。

3.1.8　轨道交通行业 TOP

1. 2016 年上班族通勤成本前三甲

通勤成本最大的三个城市分别是昆明、南宁和重庆（图 3-19）。

根据 28 个城市地铁票价、人均可支配收入、人均消费支出等数据显示，通勤成本与票价联系紧密，其次与通勤距离、人均消费支出有关（图 3-20）。

选取上海作为参照单位，从人均 GDP、人均可支配收入等反映城市综合经济实力的指标，昆明、南宁、重庆三个城市远低于上海，单位票价却与上海持平或略高，连带效应影响居民的出行方式、通勤工具以及消费结构等，通勤成本持续过高直接影响轨道交通的客流量，公共交通尤其是轨道交通的公共资源配置无法发挥最大化效益，财政包袱雪上加霜（图 3-21）。

票 价

昆明	
0~4 km（含4 km）	2元
4~9 km（含9 km）	3元
9~16 km（含16 km）	4元
16~25 km（含25 km）	5元
25~36 km（含36 km）	6元
36~49 km（含49 km）	7元

南宁	
0~6 km（含6 km）	2元
6~12 km（含12 km）	3元
12~18 km（含18 km）	4元
18~26 km（含26 km）	5元
26~34 km（含34 km）	6元
以后每10 km加收1元	

重庆	
0~6 km（含6 km）	2元
6~11 km（含11 km）	3元
1~17 km（含17 km）	4元
17~24 km（含24 km）	5元
24~32 km（含32 km）	6元
2 km以上	7元

图 3-19 昆明、南宁、重庆轨道交通票价收费标准

（数据来源：各城市地铁公司官网）

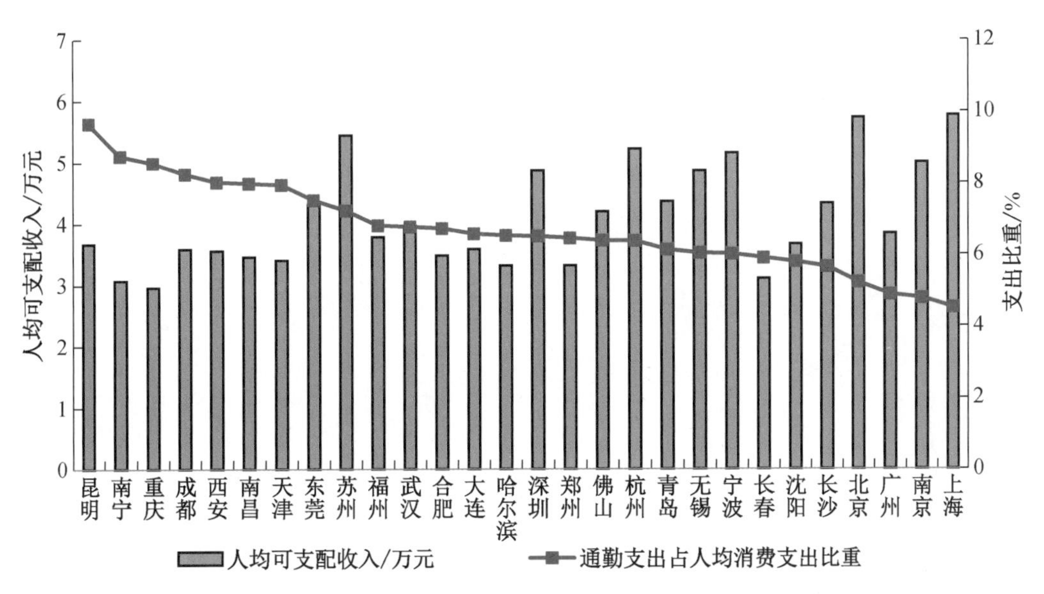

图 3-20 2016 年 28 个开通轨道交通城市通勤成本

（数据来源：各城市统计年鉴）

根据中国公交票价定价经验，一般 3～5 年为一个周期，中西部城市、尤其是刚开通轨道交通的城市，周期时间应根据历年监审数据、公共交通发展情况、社会可承受能力等因素，适时修改，并对公共交通价格及计算方法进行整体评估和调整。

2. 2016 年轨道交通分担率 TOP10

2016 年，在城市交通出行中，其中轨道交通占城市公共交通出行比例前十位的城市，依次为上海、北京、广州、深圳、武汉、大连、南京、成都、沈阳和长沙(图 3-22)。

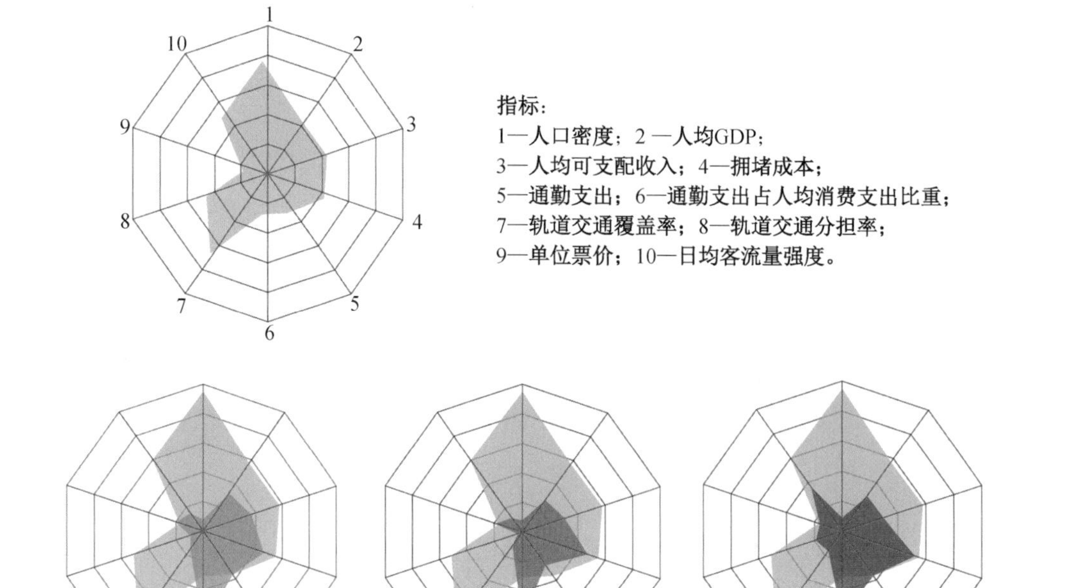

图 3-21　昆明、南宁、重庆与上海城市轨道交通发展对比

（数据来源：高德地图、各城市地铁公司官方数据或当地统计年鉴，因统计口径不同可能与实际情况存在差异）

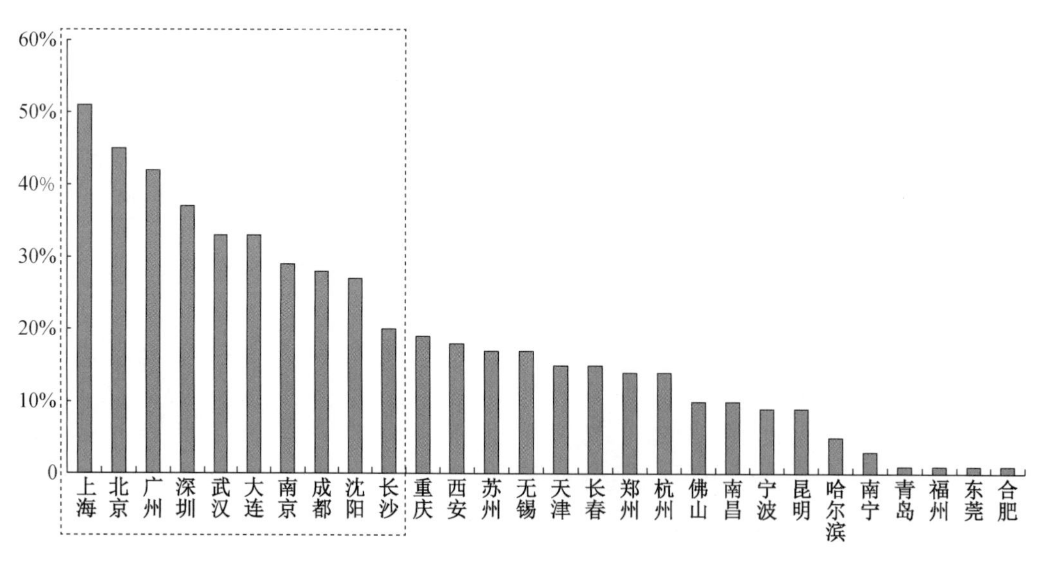

图 3-22　城市轨道交通出行分担率分析图

（数据来源：根据各城市统计年鉴、地铁公司官网计算，因统计口径不同可能与实际情况存在差异）

轨道交通在城市的公共交通中所承担的比例，随着轨道线网建设的增长而提高，轨道线网布局与城市发展建设的贴切度越高，轨道线网覆盖的范围、管理机制逐渐完善，运行效率的提高，轨道交通承担的作用越发的重要。

以上海为例，如图 3-23 所示。

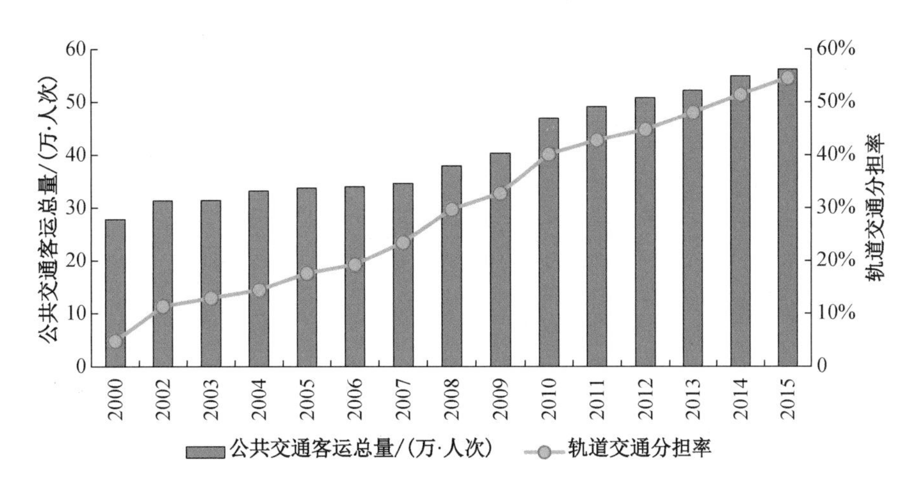

图 3-23　上海 2000 年后历年轨道交通分担率一览

（数据来源：上海统计年鉴）

通过统计上海地铁各线路开通的年份及运营总里程来看，运营总里程的增长率较大，主要集中在 2000—2009 年，轨道交通在城市公共交通中承担比率增幅较大也集中在 2000—2009 年，二者吻合度极高，如此看来，轨道交通的高分担率与线路运营里程、线网布局的网络化以及通行能力息息相关。

3.2　地下综合管廊

3.2.1　政策推动促项目落地

1）政策层面

地下综合管廊在欧洲国家建设历程近百年，在中国近两年由政策推动才被广泛提起并兴建。由拥有成熟地下综合管廊系统的国家或地区建设经验表明，地下综合管廊确实不失为一种改善基础建设的民生工程。

2015 年以来政府推动明确，意志坚决。综合管廊的规划建设由“慎重建设”变成了“全面建设”，“十三五”规划提出 2016 年开工建设 2 000 km 综合管廊的目标。

2016年，第二批综合管廊试点城市共15个，分别是石家庄市、四平市、杭州市、合肥市、平潭综合试验区、景德镇市、威海市、青岛市、郑州市、广州市、南宁市、成都市、保山市、海东市和银川市。

2）执行层面

2016年8月起，住建部全力督战，确保完成政府报告的年度建设任务，并强化项目跟踪机制，对综合管廊开工建设情况进行督促检查。

2016年底，各省市全面完成综合管廊建设目标。

3）PPP模式逐渐成熟消除市场疑虑

随着PPP模式渐渐成熟，国企改革进程加速，完善退出渠道和稳定的现金流，在资产荒和低利率的背景下，使综合管廊建设吸引力上升，综合管廊建设速度超出市场预期。2016年，第三批PPP项目公布，综合管廊建设成为市政工程建设的主要方向，拉动经济效应明显。

3.2.2 综合管廊行业

1）开工建设数量TOP10

截至2016年年底，我国共31个省级行政区开工建设地下综合管廊，其中山东省开工建设数量最多，共开工64条；在167个开工建设城市中，吉林省四平市开工建设数量最多为27条（图3-24、图3-25）。

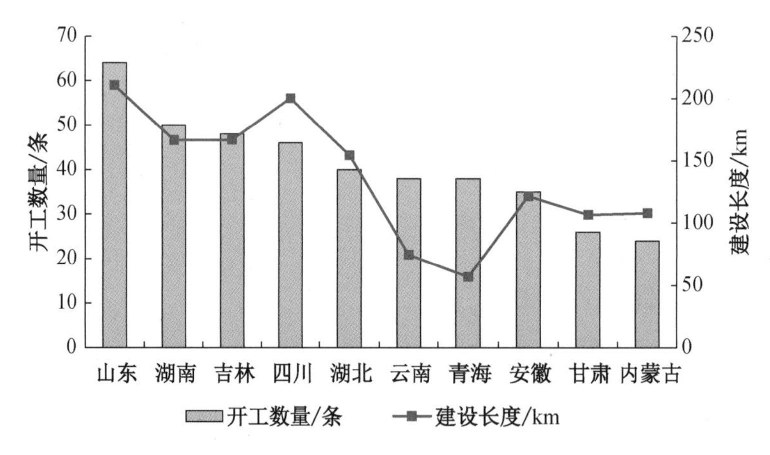

图3-24　2016年综合管廊开工数量省TOP10

2）开工建设长度TOP10

山东省地下综合管廊长度最长，达到210.66 km；而在建设综合管廊的城市中，最长的属广州市，达到93.43 km（图3-26、图3-27）。

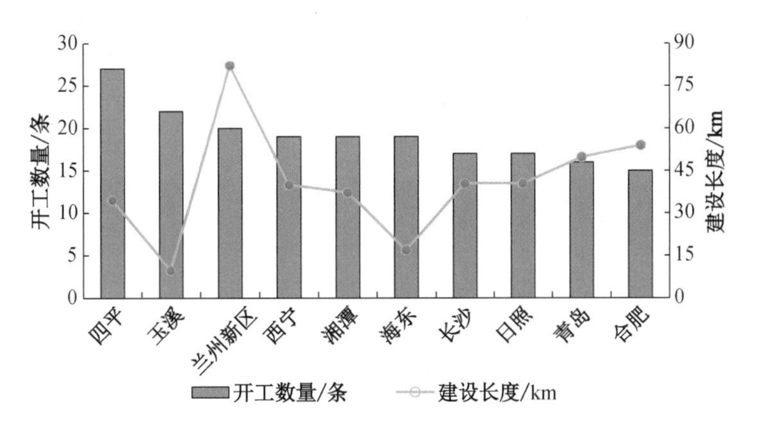

图 3-25 2016 年综合管廊开工数量城市 TOP10

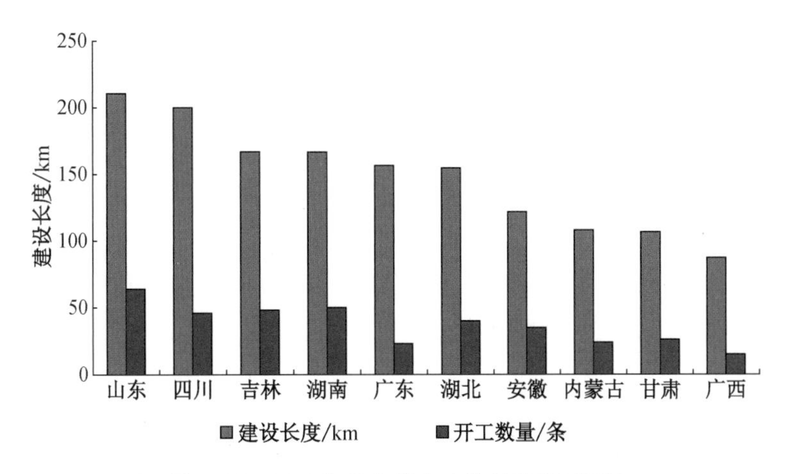

图 3-26 2016 年综合管廊建设长度省 TOP10

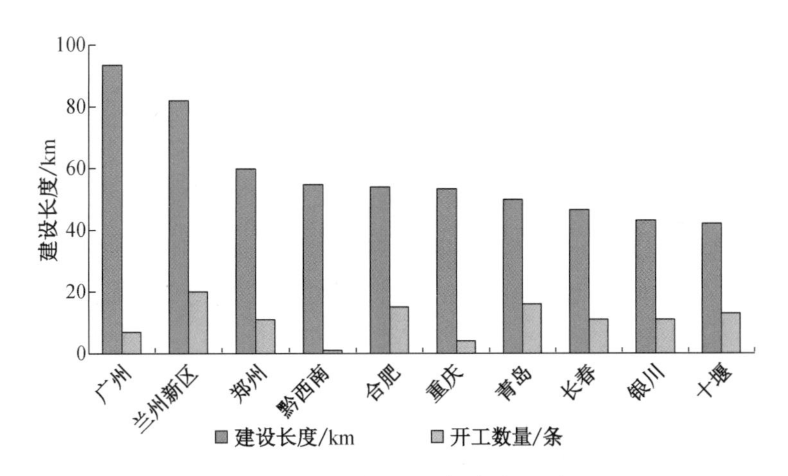

图 3-27 2016 年综合管廊建设长度城市(地区)TOP10

3.2.3 大规模建设与需求、运营管理的思考

1）政策导向与财政支持推动产业蓬勃发展，超前盲目建设也普遍存在

中国地下基础设施的建设一直是城市建设的短板，在"去产能"的大背景下，综合管廊的建设与轨道交通建设并列为重大设施建设内容。综合管廊投资大，需要大量消耗水泥、钢材等"过剩产能"，在投资拉动增长的模式下，不失为一个性价比较高的建设项目。

通过住建部公布的统计数据发现，受益于政府强大的政策扶持与财政支持，在目前的建设热度下，兴建综合管廊的城市之间并不存在经济和区位的差距，中西部经济不太发达的中小城市也在积极建设中。

为了落实国家建设任务和目标，硬性摊派至部分县级市；部分中小城市甚至县并没有建设综合管廊的迫切需求，部分市（县）开工建设仅几百米，不成系统。入廊的管线偏少，地下空间资源浪费，整体效益不高。城市只在部分路段建设管廊，管廊不成系统，难以更好地发挥综合管廊应有的综合效益。

2）建设热度远高于管理和运维，后续工作推进滞后

综合管廊建设热度非常高，国内共 25 个城市进行试点建设，但目前缺乏对整个城市综合管廊的整体布局进行统筹规划及对综合管廊建设、投融资、运营管理等内容的体系和对策研究。部分城市为了按时完成建设指标，"边设计边施工"的现象较为普遍，难以保证工程质量。

合理确定各类管线的入廊费用及管廊维护费用、争取央企性质管线权属单位对地方综合管廊建设的支持、制定促进管线权属单位积极入廊的配套政策规定，是综合管廊建设后续工作亟待解决的几大问题。

3.2.4 建设前景与投资潜力无限

根据住建部公开数据测算，中国每年各城市新区的新建道路约 1.5 万 km，如果按 20%～30%配建地下综合管廊，那么仅新区就可建 4 000 km 综合管廊。中国既有的城市道路约 35 万 km，按照既有道路的 1%测算建造综合管廊，那么老区可建管廊 3 500 km。

因此，每年新老城区可以建设大概 7 000～8 000 km 的综合管廊。

按照《2015 中国城市地下空间发展蓝皮书》中的投资强度 1.2 亿元/km 测算，未来每年综合管廊的投资额可达 1 万亿元。从长期发展来看，建设地下综合管廊未来的总体投资空间接近 18.5 万亿元。

3.3 智力行业与市场

在近3年地下空间规划市场的基础上，2016年新增综合管廊规划市场分析的相关内容，共同组成2016年地下空间智力行业与市场。

3.3.1 城市地下空间规划

1) 市场动态

2016年作为"十三五"开局之年，城市地下空间规划建设受重视程度与"十二五"相比大大提高，地下空间规划市场快速增长，打破连续两年的颓势。

根据中国政府采购网、各省市采购网站及公共资源交易中心网站等官方公开数据统计，2016年城市地下空间规划产值[1]共8 594万元，同比增加42%，共包含95个不同项目(图3-28)。

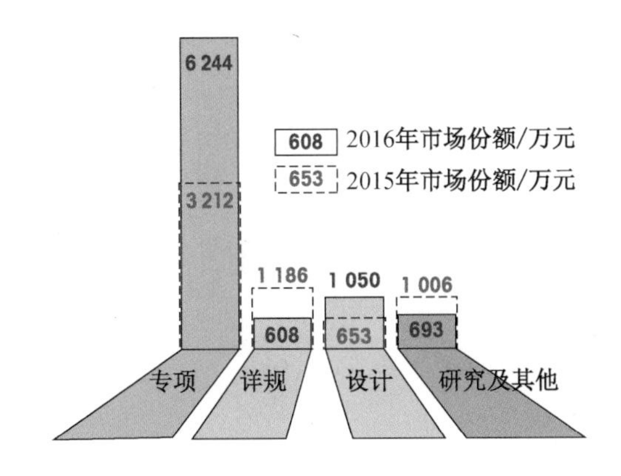

图3-28 2016年地下空间规划分类型市场产值

2) 政策支撑体系日益完善，规划管理地位提高

长期以来，我国的城市地下空间开发在产权归属、管理主体、技术规范等缺乏国家层面的顶层设计，城市地下空间规划在现行城乡规划体系中定位不明，城市地下空间开发往往"无据可依""有规划难执行"。

2016年5月，住房和城乡建设部发布了《城市地下空间开发利用"十三五"规划》，这是中国首次单独将地下空间开发利用规划管理列入五年行动计划，城市地下空间开

① 统计数据仅限地下空间专项规划、详细规划、地下空间城市设计、研究等，不含建筑设计、人防设计、地铁设计等。

发利用在城市建设中已不可或缺，国家层面对其重视程度提上了一个新高度。

《城市地下空间开发利用"十三五"规划》中提出，"到2020年，不低于50%的城市完成地下空间开发利用规划编制和审批工作，补充完善城市重点地区控制性详细规划中涉及地下空间开发利用的内容"。作为"十三五"开年，各地在政策支持下，借城市总规划修编的契机，根据各自需求，紧锣密鼓地开展了地下空间规划编制。

3）经济发达地区注重地下空间研究与设计，中西部城市以政策导向型规划编制为主

2016年，中国城市地下空间规划市场快速发展，项目类型与对象多样化。经济发达地区注重地下空间研究与设计，中西部城市以政策导向型规划编制为主。

从规划市场分布看，仍主要集中在城市地下空间开发利用较为发达地区，以符合政策要求为主的中部、西部城市地下空间规划市场快速崛起（图3-29）。

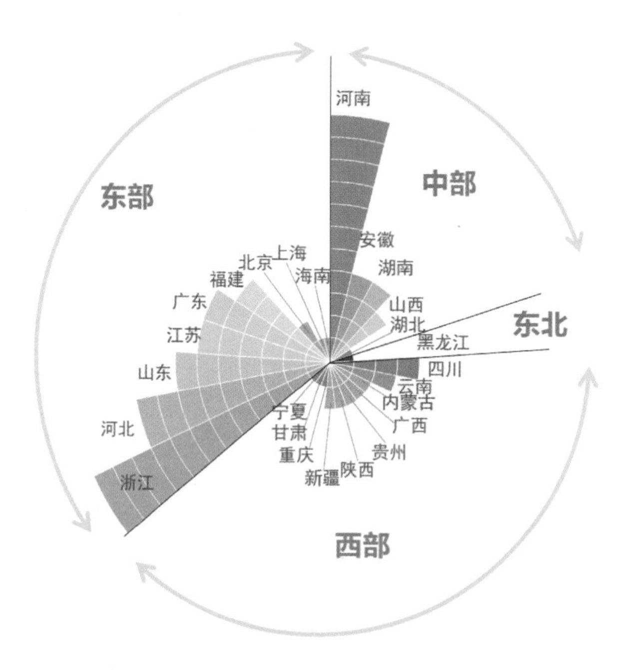

图3-29　2016年各省/直辖市/自治区地下空间规划市场的项目数量统计分析

延续"十二五"发展趋势，东部仍然是地下空间规划编制需求最大的市场，2016年地下空间规划项目数量超全年总量的一半。尤其在地铁及周边地上、地下综合建设、综合管廊建设带动下，设计和研究类规划编制需求动力充足，从单一地下空间专项规划向综合管廊专项规划、地铁周边地下空间综合研究设计等延伸。

中部城市2016年地下空间规划编制数量激增，市场份额显著提高，取代西部成为第二大需求市场，2016年地下空间规划项目数量占全年总量的1/4，其中安徽、湖南等省份地下空间规划编制普及率上升较快（图3-30—图3-32）。

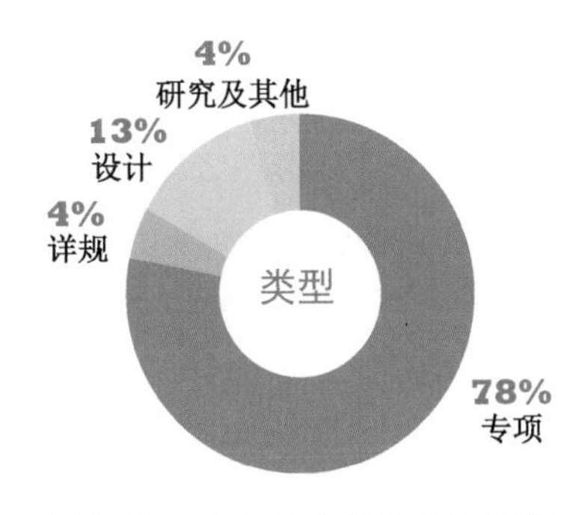

图 3-30 中部城市各类地下空间规划数量比例

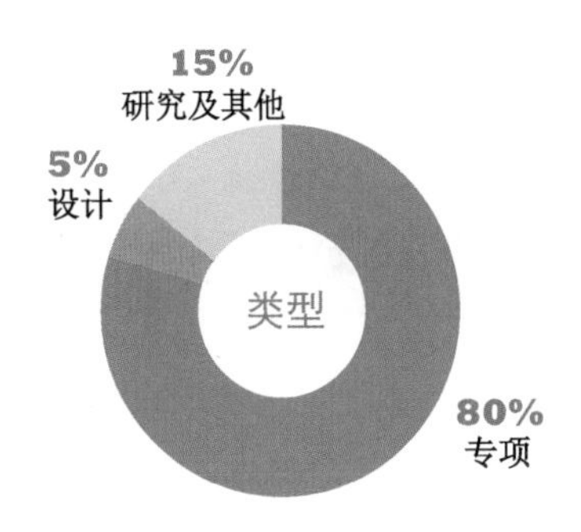

图 3-31 西部城市各类地下空间规划数量比例

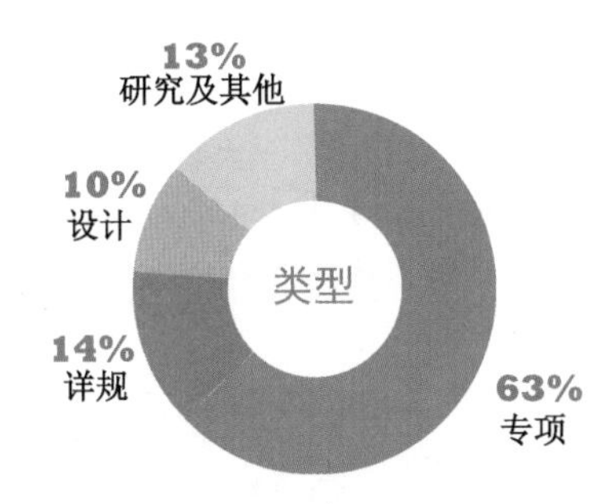

图 3-32 东部城市各类地下空间规划数量比例

4）市场参与度大幅提高，老牌地下空间专业团队仍占优势

随着市场需求迅速扩大，一些传统城市规划编制单位业务也向地下空间领域延伸，从事地下空间规划的单位与机构迅速扩张。依托土木工程、城市规划、人民防空、市政设施等传统行业发展而来的编制单位凭借自身在特定行业内技术优势，经过长期规划实践和理论探索，已初步形成具有中国特色的城市地下空间规划体系。

2016 年，城市地下空间规划研究和编制数量与金额较多的机构仍主要集中在北京、上海、南京、深圳等少数城市的院校和科研单位。但受一些规划编制团队“重效益，轻质量”的冲击，整体规划质量良莠不齐，市场有待规范，编制人员专业素质有待提高。

3.3.2 城市综合管廊规划

1）市场动态

根据 2016 年中国政府采购网上的公开数据显示，全年地下综合管廊规划市场编制费约 1.24 亿元。

目前，我国城市综合管廊规划行业尚不成熟，但综合管廊规划继 2013 年国务院办公厅发布了《关于推进城市地下综合管廊建设的指导意见》,2015 年首批城市地下综合管廊建设试点城市申请成功后,2016 年,城市地下综合管廊规划如雨后春笋般蓬勃兴起,在全国范围内遍地开花,仅 2016 年共有 122 项规划项目。根据 2016 年规划管廊市场单个项目编制费统计,单个项目编制费最低为 12.49 万元,最高为 460 万元。

2) 规划需求市场

(1) 省级行政区需求。2016 年,综合管廊规划需求市场主要集中分布在广东省、河南省、天津、河北省、山东省,其中,河南省 2016 年地下综合管廊编制费最高达 2 901.88 万元,其次是广东省,地下综合管廊编制费达 2 377 万元。

另外新疆、青海、西藏、山西、四川、福建、海南等省目前暂时还没有编制综合管廊规划。具体如图 3-33 所示。

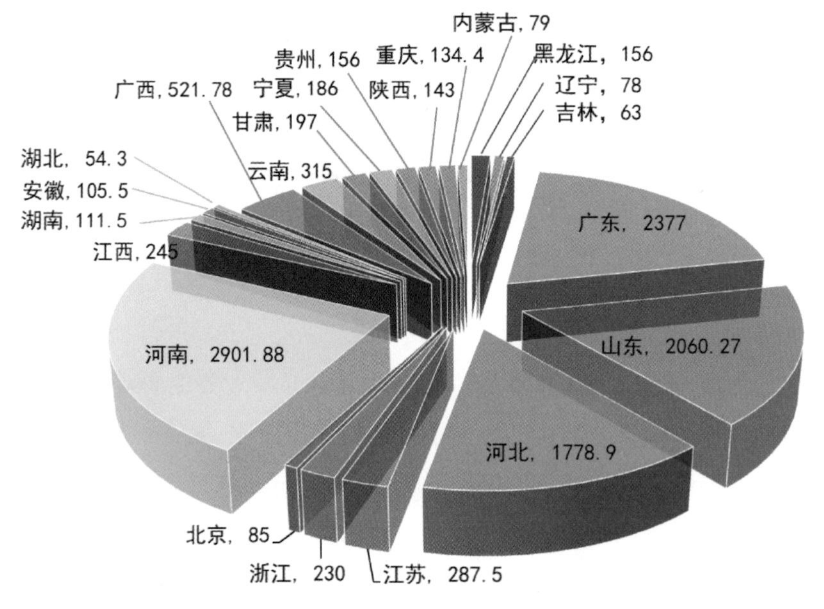

图 3-33　2016 年各省/直辖市/自治区综合管廊项目需求市场(单位:万元)

(2) 城区/区县需求。2016 年,编制综合管廊专项规划的城市/区县共 108 个,其中广州市编制费用最高,为 960 万元;其次是茂名滨海新区编制费 460 万元。

3) 规划采购方

根据中国政府采购网采购项目的招标公告、中标公示等公开数据,2016 年,在综合管廊规划项目中38%的规划采购方为当地规划局，由城市建设管理局、管委会、城乡建设厅组织的规划编制项目也占了较大的比例。

智力资源配置高、硬件配备齐全、专业度高、从事规划经验丰富是规划局、城乡建设局的各规划采购方选择地下综合管廊规划供应方的重要因素(图3-34)。

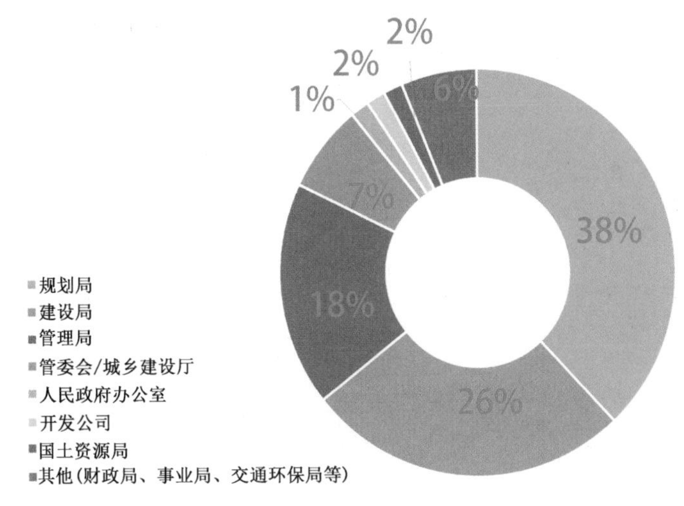

图3-34 综合管廊委托机构类型百分比

4) 规划供应方

(1) 省/直辖市/自治区分布。2016年，综合管廊规划编制的供应市场主要集中在上海、北京、广东、山东、河南，约占全年承揽综合管廊编制项目总量的76%(图3-35)。

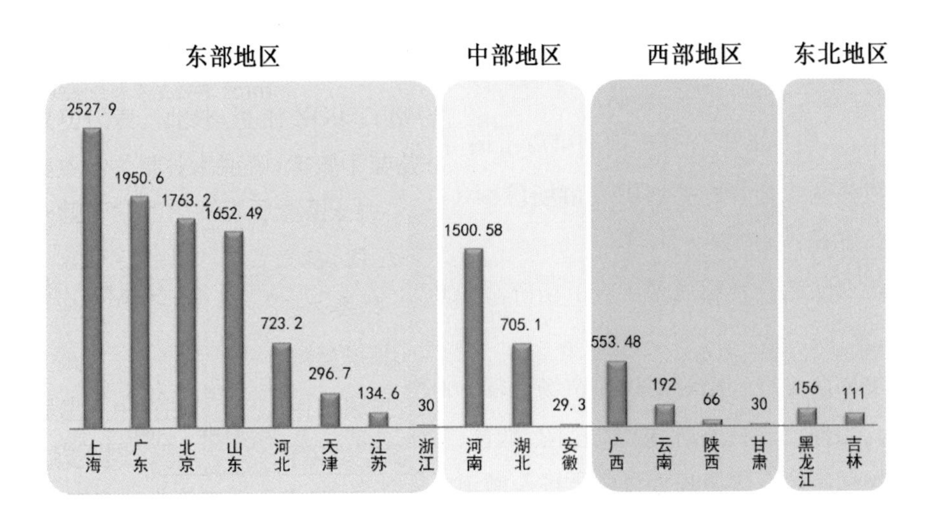

图3-35 2016年综合管廊规划编制供应方市场(单位:万元)

(2) 区域分布。东部区域是综合管廊规划项目编制供应最大的市场，占 2016 年综合管廊项目编制市场份额的 72%(图 3-36)。

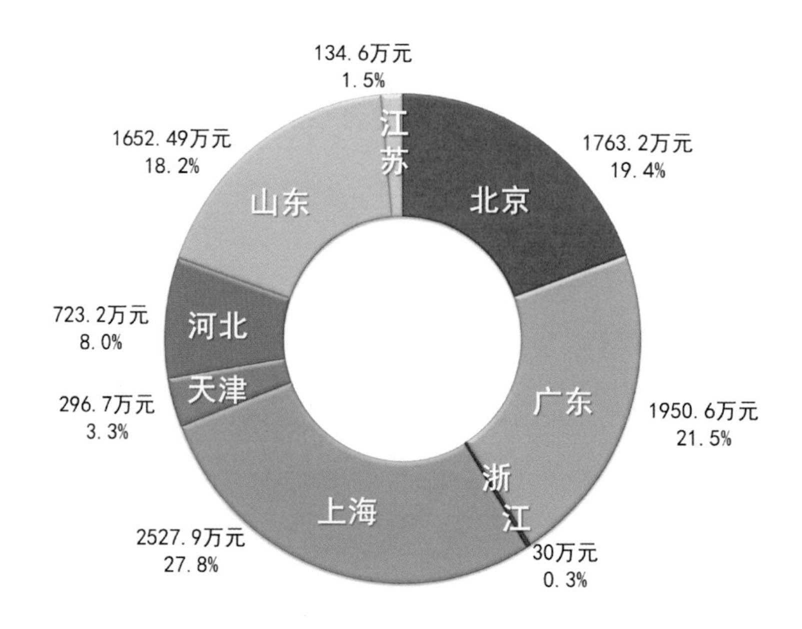

图 3-36　东部地区地下空间供应市场分析图

上海、北京、广东编制机构云集，设计水平、业务能力以及智力配备也高于其他东部区域城市。统计数据表明，综合管廊规划产值地域性的集聚效应十分明显，只要集中在长三角、珠三角以及京津冀区域。

(3) 综合管廊供应市场梯队。根据 2016 年各城市综合管廊规划项目的供应市场份额，划分为 5 个城市供应梯队。

其中，一级梯队综合管廊规划供应市场份额 2 000(含)万元以上，主要城市为上海；

二级梯队综合管廊规划供应市场份额 1 000 万(含)～2 000 万元，主要城市为北京、郑州、广州；

三级梯队综合管廊规划供应市场份额 500 万(含)～1 000 万元，主要城市为武汉、济南、石家庄；

四级梯队综合管廊规划供应市场份额 100 万(含)～500 万元，主要城市为洛阳、南宁、佛山、深圳、天津、潍坊、淄博、昆明、烟台、北海、汕头、南京、邢台、青岛、长春、大庆；

五级梯队综合管廊规划供应市场份额 100 万元以下，主要城市为沧州、德州、西安、新乡、中山、哈尔滨、江门、聊城、兰州、杭州、合肥。

5）编制综合管廊规划的城市产值排名

2016 年，城市产值以上海（2 527.9 万元）为首，远远高于排在第二位的北京（1 763.2 万元），资源配备齐全、综合实力强劲、设计机构云集、平均单个项目金额大、智力配备高等是上海遥遥领先其他城市的主要原因，且这一趋势将在未来很长一段时间延续（图 3-37）。

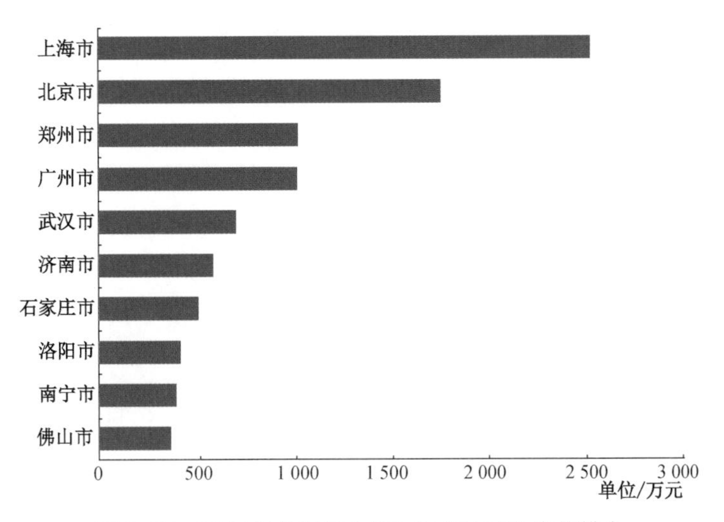

图 3-37　2016 年编制综合管廊规划的城市产值排名

6）编制机构产值排名

根据中国政府采购网上的公开数据统计，2016 年上海市政工程设计研究总院（集团）有限公司编制综合管廊规划项目共 7 项，总编制额达 1 806.5 万元，引领全国各管廊规划编制设计，综合实力强，资质等级全、智力配备齐全、专业度强等是上海市政工程设计研究总院（集团）有限公司遥遥领先其他编制机构的主要原因（图 3-38）。

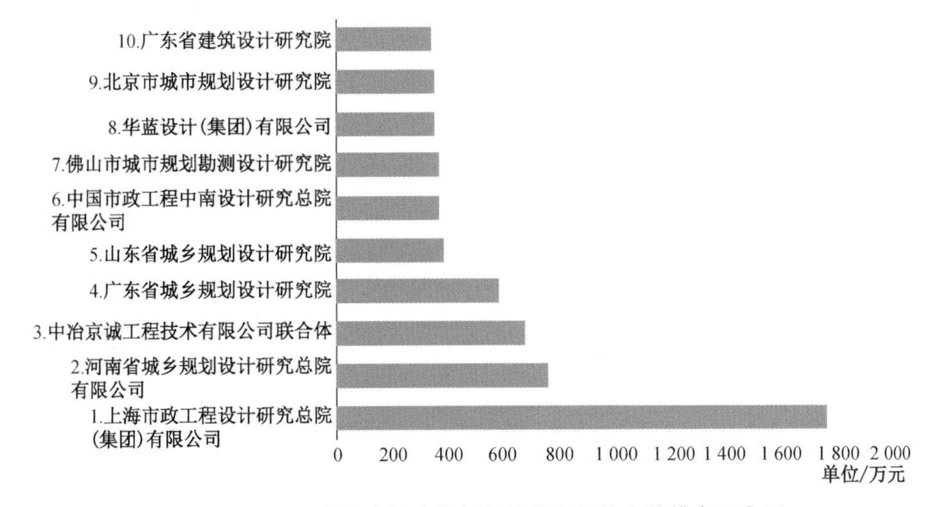

图 3-38　2016 年综合管廊规划市场编制机构产值排名示意图

（注：以政府采购网公开数据为准）

7）设计及施工无序竞争

继2015年“管廊热”的兴起，2016年中国地下综合管廊市场呈井喷式爆发增长。然而目前，综合管廊市场仍处于探索阶段，尚未发展成熟，并不具备地下综合管廊规划设计、施工资质和水平的技术团队跟风式迅速充斥市场，甚至有些团队对综合管廊规划与施工并不熟知，为了赶上热潮，纷纷进军综合管廊市场。

从2016年规划管廊规划市场来看，项目编制费用高低差异悬殊，编制深度不一，其中有些设计单位可能存在恶性竞争的行为，造成了行业无序竞争。为了行业与市场的良性发展，迫切需要从国家层面加以规范。建议尽快颁发相关综合管廊规划编制设计标准、管线入廊标准等，更好地指导城市综合管廊规划建设。

3.4 地源热泵系统

近两年，秉承“创新、协调、绿色、开放、共享”的发展理念，智慧城市、循环经济、低碳经济已成为中国经济发展主流模式。地下空间领域衍生出一些新技术产业，其中以地源热泵产业发展较为突出。

2016年，中国的地源热泵主要市场和城市经济发展、房地产市场、城市地下空间的发展基本保持一致，即经济发达城市、市场成熟地区对其市场需求较大。

2016年12月，国家发改委发布《可再生能源发展“十三五”规划》，提出“加强地热能开发利用规划与城市总体规划的衔接，将地热供暖纳入城镇基础设施建设”，“在实施区域集中供暖且地热资源丰富的京津冀鲁豫及毗邻区，……大力推动中深层地热供暖重大项目建设”，“加大浅层地热能开发利用的推广力度，积极推动技术进步，进一步规范管理，重点在经济发达、夏季制冷需求高的长江经济带地区”。从政策层面推动了地源热泵系统的发展。

“十三五”期间，绿色节能型产业的倾斜政策和城市居民对高生活品质追求等内外部因素的推动，中国地源热泵系统将有更大的市场潜力，地源热泵系统的应用将更加广泛，尤其是在地下工程中，预计苏南地区城市群以及重庆、上海、武汉等地区仍是主要市场。同时将带动其施工材料以及其他地下相关市政行业的发展，拉动经济有效增长（图3-39）。

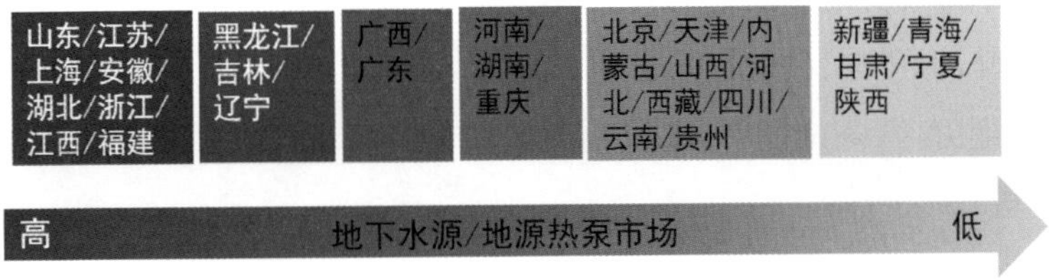

山东/江苏/上海/安徽/湖北/浙江/江西/福建

黑龙江/吉林/辽宁

广西/广东

河南/湖南/重庆

北京/天津/内蒙古/山西/河北/西藏/四川/云南/贵州

新疆/青海/甘肃/宁夏/陕西

高 地下水源/地源热泵市场 低

图 3-39 “十三五”地源热泵市场区域分布等级初判

B 4

Blue book

地下空间法治体系

王海丰

4.1 2016年地下空间法治概览

4.1.1 发展历程

2016年，中国政府先后发布了《中华人民共和国国民经济与社会发展第十三个五年规划纲要》《城市地下空间开发利用“十三五”规划》等指导城市综合管廊、停车设施等直接推动城市地下空间产业发展政策性文件，并且在“稳增长，促改革，调结构，惠民生”“促进消费结构升级和新消费引领作用的生活性服务业”等相关产业的政策性文件中也要求“深挖国内需求潜力，开拓发展更大空间”“统筹城市地上地下设施规划建设”“利用地下空间打造多层次、多形式的便民服务点”。

4.1.2 政策法规数量与使用范围

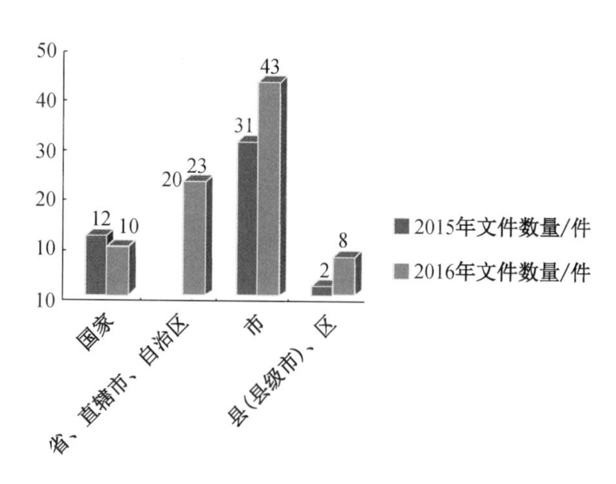

图4-1 适用范围统计分析图

2016年，颁布有关城市地下空间政策法规、规范性文件共84件。其中，国家层面10件，省、直辖市层面23件，市层面43件，县（县级市）层面8件；较2015年增加了19件（图4-1）。

2016年，中国新增有关地下空间的法律法规、规章中，适用全国范围的10件，19个省、直辖市出台适用省级行政区的23件，45个城市出台适用该城市或区县的51件。

纵观2016年新增地下空间法律法规、规章的适用范围所处的行政区分布，以地下空间发展第一层级和第二层级城市为主，主要分布在东部、中部城市，东北也有少量城市。城市地下空间政策法规的颁布，在一定程度上，与城市经济发展水平、城市建设、地下空间开发利用程度正相关（图4-2）。

总览至2016年年底，中国地下空间法治建设完善度与其地下空间开发建设水平正相关，完善度较高的区域一般经济发展水平相对较高，地下空间开发利用相对发达的城市为主。

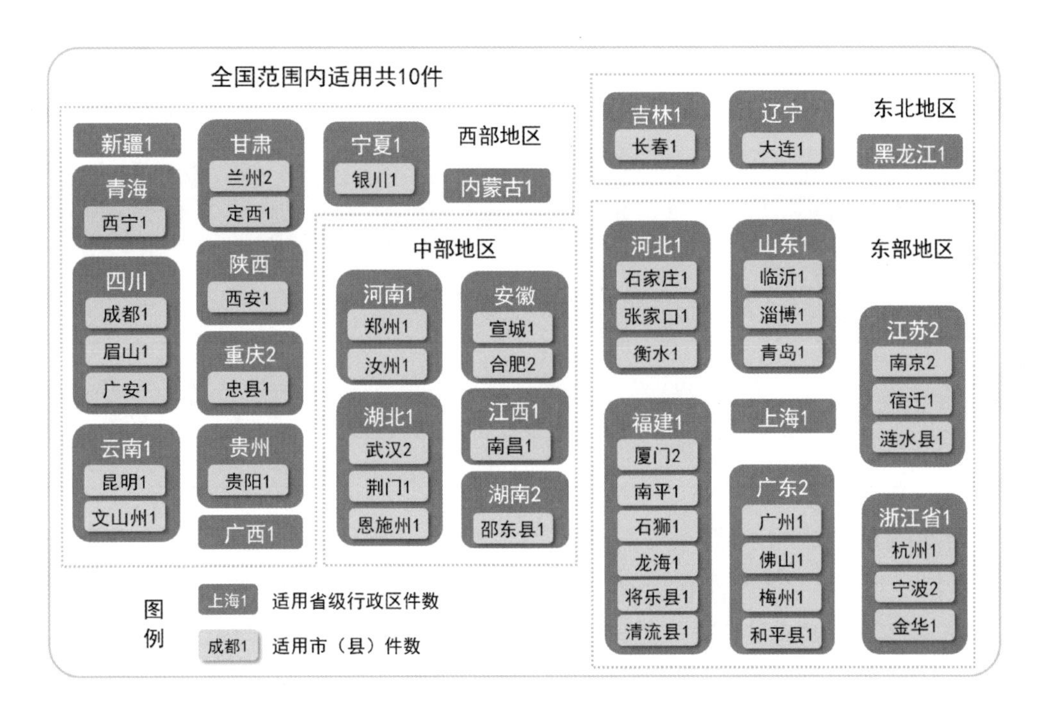

图 4-2　2016 年中国涉及城市地下空间发展政策法规分布图

目前中国城市地下空间法治体系建设呈现以下特征：

在空间分布上与城镇化、地下空间的社会化市场化同步势态发展，在立法推动力方面受制于国家宏观政策影响和制约较大。

立法实践的形式要件多于内容要件，法治文件层级较低，政策性、规范性执行细则偏少。

国家标准、规范严重滞后于城市地下空间快速发展，多为较低层次的技术规范、操作规程。

4.2　2016 年地下空间法制建设

4.2.1　效力类型与发布主体

1. 效力类型

法律法规、规章、规范性文件(表 4-1)：

专门性的法规规章还比较缺乏，对地方法规的制定缺乏指导。地下空间开发利用中投资者关心的地下建筑物的权属登记问题、量大面广的结建人防地下室的产权问题、高层住宅楼下的地下车库产权问题、相邻工程连通等问题，都没有专门的明确规定。这就造成目前政府各部门之间、投资者与政府之间、投资者与投资者之间没有相关法律法规可以依据，思想不统一，纠纷较多。

表 4-1　效力类型统计一览表

类型统计	数量/件	比例
法律法规	0	0
部门规章	0	0
地方性法规	2	2.4%
地方政府规章	23	27.4%
规范性文件	59	70.2%
合　计	84	100%

地方立法分散且不完备，碎片化现象严重，相互之间衔接不力或不衔接。地方法规或规章仅是对地下空间开发利用的某个具体方面诸如地下建设用地使用权的取得方式、产权登记或地铁建设等进行尝试性的规范；地下空间专项规划与土地利用规划、人民防空规划、地下交通规划、地下管线规划等专业规划和城市近期建设规划等编制主体各异、编制时间不同步、实施期限不一致、内容不衔接。

2. 发布主体

在 2016 年出台的城市地下空间政策法规的发布主体中，以地方人民政府为主，覆盖范围小、法律调整效力层次低、配套法规缺位，如表 4-2 所示。

表 4-2　颁布部门统计一览表

颁布部门	数量/件
国务院各部委	10
地方人大(常委会)	2
地方人民政府	72
合　计	84

4.2.2　主题类型

地下空间开发利用管理、综合管廊、地下停车与地下管线建设管理、地下空间土地与产权登记、地下空间安全等。

由于地下空间开发利用在国家层面没有一个明确的管理机构或牵头部门，地下空间开发利用的综合性立法还没有提上议事日程。国家层面比较全面的法规仅有一部部门规章，即《城市地下空间开发利用管理规定》，由于其法律位阶较低，因而法律效力低，缺乏权威性;内容虽然涉及规划、建设、管理等环节,但停留在行政管理范畴,对地下建设用地使用权的取得、出让金标准、地下空间的产权登记等民事方面则未涉及,缺乏对实践的指导意义。

2016 年,中国出台城市地下空间政策法规类型主要包括地下空间开发利用管理、综合管廊与地下管线建设管理、地下空间规划管理以及地下空间用地政策与投融资等类型。受加强地下基础设施建设的宏观政策影响,综合管廊、地下管线相关法治内容较 2015 年进一步增多。地下空间法治建设中首次出现以城市为对象的地下空间规划管理内容,地下公共空间的投融资方式等内容的占比也有小幅上升(表 4-3、图 4-3)。

表 4-3 政策法规类型统计一览表

分类	数量/件
地下空间开发利用管理	10
地下空间土地、产权登记	5
综合管廊、地下管线、地下停车建设等设施管理	61
其他(地下空间安全、城市建设规划)	8
合　　计	84

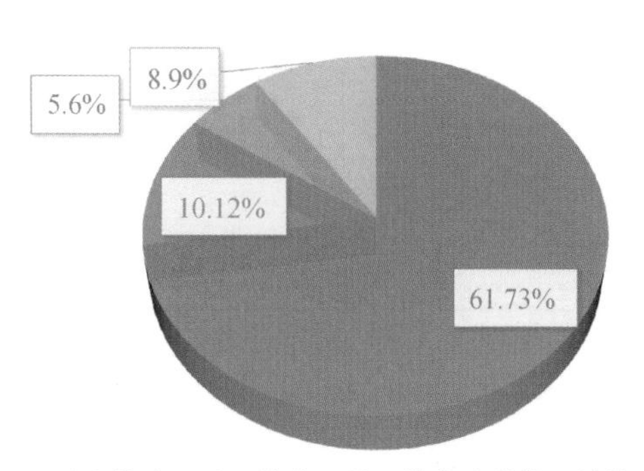

图 4-3 政策法规类型分析图

地下空间是城市发展的战略性空间。自改革开放以来,我国在城市建设中,催生了大量规模化地下空间工程项目,而我国关于地下空间资源开发利用方面的立法尚处于探索阶段,在民事基础立法项上基本为空白,这显然不利于我国城市发展战略的实施,也不利于推进城市地下空间资源合理开发利用。国家有关部门应抓紧制定城市地下空间相关法规,保障地下空间权利人的合法权益。

4.3 地下空间法治体系建设

为实现城市地下空间开发利用社会效益、经济效益、环境效益的有机结合,兼顾地下空间的近期利用和可持续利用,使地下空间开发利用管理做到统一规划、综合开发、合理利用、安全使用、依法管理,加强法制建设、完善顶层设计是必由之路(图 4-4)。

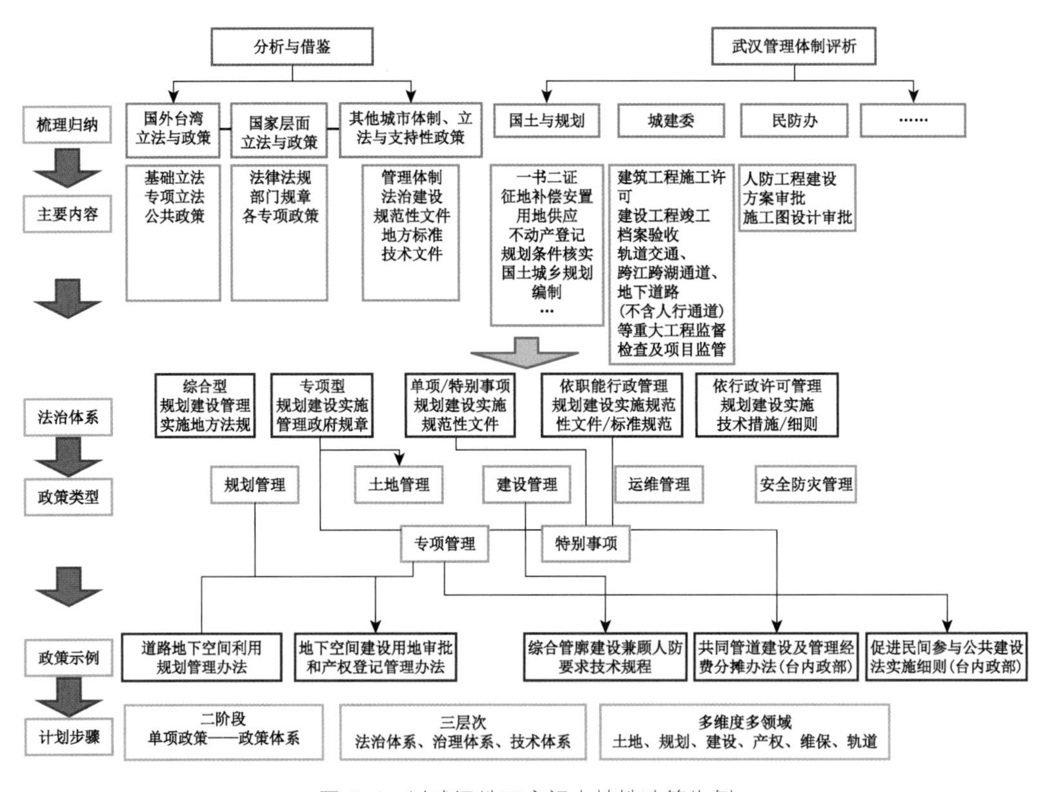

图 4-4 以武汉地下空间支持性政策为例

(1) 完善现有法规,对现行有效的与地下空间建设用地使用权、地下建筑物或构筑物的产权登记、地下空间规划有关的法律法规进行修订和补充。

(2) 制定新法规,填补立法的空白。我国在条件成熟时可借鉴日本、新加坡等国家在开发利用地下空间方面的立法经验,制定一系列具有中国特色的开发利用地下空间的单项法律法规,完善地下空间开发利用法规体系。

(3) 理顺城市地下空间开发利用管理的行政管理架构,实现条块的有机结合,尽量实现相互的协调与衔接,建立高效、协作的地下空间管理体制。

B
5
技术与装备

Blue book

沃海涛　曹继勇

5.1 技术创新

近3年我国地下工程在新技术、新材料和新设备的研发和应用方面取得了突飞猛进的成绩，其中，2016年的代表创新技术为地下精准微爆破、洞桩法、中跨盖挖顺作法和混凝土盾构进洞施工法等。

5.1.1 地下“精准微爆破”技术

地下爆破新技术在地下交通、地下市政等城市建设工程中获得了广泛应用并发挥了重要作用，诸多科技成果已接近或达到国际先进水平或国际领先水平。爆破科技与以物联网、大数据和云计算为核心的新一代信息技术融合发展，极大地提升了爆破技术的数字化和智能化水平，进一步向智能、高效、安全、绿色爆破迈进。数字化爆破技术、爆破模拟技术、爆炸加工新技术、深部地下采矿技术和微振测试技术等作为爆破科技在地下工程方面的创新成果，受到了广泛关注。

1. 技术运用实例概况

京张高铁开工建设，两次下穿八达岭长城。其中一处下穿石佛寺村，最小埋深为10 m。另一处下穿京张铁路青龙桥车站，最小埋深为4 m。

其中八达岭隧道长12.01 km，要穿越两条地质断层带，存在岩爆、湿陷性黄土、软岩大变形等高风险地质，均为施工极高风险等级，稍有不慎，就会引起坍塌。

隧道穿越八达岭长城核心区，沿线国宝级文物众多，还分布有居庸关长城、水关长城等国家级旅游景点，对环境保护、文物保护要求非常严格，要求做到施工地表零沉降。

2. 技术创新点

传统爆破技术震速有5 cm/s，震感比较强，爆破时车窗玻璃都会有震动，建设方采用“精准微爆破”技术，新技术的震速只有0.2 cm/s，相当于一辆汽车经过，不会对文物产生破坏。通过雷管的段数来进行爆破，将时间差缩短到最小，达到精准爆破的目的。

两处下穿八达岭长城的隧道，顶部距离长城底部高分别是103 m和92 m。采用“精准微爆破”技术进行隧道施工时，长城上的人几乎感受不到下方的振动。

青龙桥车站埋深4 m，隧道施工则采用了“非爆破开挖”，约40 m长的隧道挖掘完全依靠人工和机械推进，以此保护文物。①

---

① 长城下方将建京张高铁八达岭站.北京青年报.2016-09-29.

5.1.2 超特大地下工程新技术集成应用

1. 工程概况与新技术应用

北京地铁10号线是北京轨道交通线网中第二条环线，也是轨道线网中的骨干线和连接线，对提高网络运营效率具有重要作用。10号线对工程技术及环保要求较高，通过巧妙、新颖、严谨的设计，攻克了一系列建设难题，以“创新理念，创新技术，创新运营”为设计纲领，充分体现了“以人为本”“绿色可持续”的轨道交通建设理念，达到了国际先进水平。

工程采用咽喉区加盖、隔声墙及百页、专用减振垫、3.7万m^2绿化平台等措施解决噪声及振动问题。采用高标准材料及节能、低噪设备，彻底避免工业厂房对周边环境影响。该场段采用了库上及落地开发、屋顶绿化等车辆基地可用的所有开发方式，是地铁车辆基地一体化设计的典范。

国内首次推广采用洞桩法(PBA工法)，国内首次成功应用多维度预应力伺服顶撑微沉降控制技术(实现14 m跨隧道密贴下穿既有站沉降控制小于3 mm)、实现国内最大长度地铁区间下穿铁路站场工程(720 m)、国内最大规模的全断面注浆封闭地下水软地层浅埋暗挖施工(约15万m^3土体加固处理)、国内首次在暗挖车站导洞内采用桩底压浆技术，国内首次采用中跨盖挖顺作法施工技术，国内首次采用深基坑(基坑深度约15m)土钉墙支护技术，国内首次采用并成功实施了小间距、长距离平行盾构隧道的设计与施工技术。

图5-1 10号线FIDIC大奖示意图

(图片来源：城建设计再成关注热点 http://www.bjucd.com/plus/view.php?aid=4763 北京城建设计发展集团股份有限公司.2016-12-01)

保护措施采用桩基托换，各种注浆、隔离、阻水工艺等加固措施，堪称北京地铁工法措施集大成者。

该工程是国内首次在地铁建设中系统地提出风险源评估及专项设计体系，开创中国地铁运用科学程序处理工程风险源的先河。

2016年9月，北京地铁10号线工程获得FIDIC优秀项目奖(被称为工程界的“诺贝尔奖”)，这是地下工程继2015年上海地铁10号线后再次获奖(图5-1)。

2. 工程难点

工程线路长，建设周期长，地质条件差。

周边环境敏感复杂，全线环境风险源工程1 220余处，包括下穿地铁既有线类共 10 处，下穿铁路类共 6 处，下穿或近邻市政桥梁桥基类共 75 处，下穿房屋或近邻高层建筑类共 150 处，下穿河流类共 12 处，是北京地铁建设史上风险难度最大的线路之一。

两期工程分期实施，在一期线路不间断运营的情况下完成两线整合，施工难度极大。二期工程并非简单地新建一条线路，还需充分考虑一期工程改造，施工期间只能在夜间 3.5 小时内进行。不同系统构成方案导致与工程系统接口和运营方便程度的不同，须充分考虑各系统平衡。

5.1.3 混凝土盾构进洞施工法的首次应用

泡沫混凝土内盾构进洞施工工艺是一种在接收井内浇筑一个与洞门连接的泡沫混凝土箱体。在盾构进洞时，可在这个密闭的"保护罩"内按正常掘进进入接收井，从而确保盾构进洞时的稳定性。当盾构成功进洞后，只需将泡沫混凝土凿除清理即可。采用该施工工艺，有效地提高了在砂性土承压水层地质条件下盾构进洞的安全性，为将来类似工况条件下盾构进洞施工积累了宝贵的经验。①

2016 年 12 月 29 日，采用混凝土盾构进洞施工法的上海 17 号线顺利实现全线结构贯通，2017 年，上海三条地铁线路通车(图 5-2)。

图 5-2　上海轨道交通 17 号线全线结构贯通

(图片来源：申通集团)

① 17 号线圆满完成全线区间盾构推进. 建管中心. http://www.shmetro.com/node49/201612/con114820.htm，2016-12-29，上海地铁。

工程位置处于地下砂性土承压水层，为确保工程建设安全、质量，参建各方多次研究针对性工艺措施，首次在上海采用了盾构在泡沫混凝土内进洞的施工工艺并取得成功。

5.2 施工装备

地下(空间)工程装备是指集机电、液压、传感、信息技术于一体的隧道施工全类型成套设备，包括各类型隧道挖掘机、顶管机、遥感机等工程配套设备等，具有种类多、技术含量高、快速高效、安全可靠、施工质量高、产品线长等特点，并与施工工法、施工管理等密切相关，广泛应用于城市轨道交通、隧道、市政管网、人防工程等领域。

5.2.1 国产装备机械概况

近年来，国内制造企业在地下工程施工装备机械方面取得了骄人业绩，不仅完全可以自主研制地铁隧道施工盾构机，在硬岩隧道以及隧道机械多功能化方面亦有成熟产品问世。其中，3 款产业荣膺“中国工程机械年度产品 TOP50(2016)”技术创新金奖。

铁建重工 ZTT7565 型双模式斜井 TBM，集开挖、衬砌、出渣、运输、通风、排水等功能于一体，同时具有盾构和 TBM 两种模式，通过模式转换，能够适应软岩、硬岩和复合地层等不同复杂地质的开挖掘进。该产品具有施工安全性好、施工速度快、隧道成型质量高、运营成本低等优点，满足安全、环保、快速建井要求，是长距离大坡度斜井施工的创新之作。

厦工 XG822i 型智能挖掘机是一款具有自主知识产权的智控挖掘机，用“电控”代替“液控”，实现了工程机械控制系统的性能提升和跨代升级，是航空技术与工程机械融合的成功代表。此外，厦工 XG958i 型智能装载机，突破了国内工程机械智能化电液控系统集成的关键技术瓶颈，实现了装载机由传统的机械或先导液压控制技术向先进的智能化高效电液控制等高端技术转化。

5.2.2 通用装备发展

在众多适用地下工程的机械当中，挖掘机是较为特殊的产品，由于在各类地上、地下工程建设中，往往最先使用挖掘机，所以挖掘机一直是装备市场中重要的组成部分，也成为反映实体经济投资活跃程度的晴雨表。

1) 下半年持续高增长

依据中国工程机械协会数据，截至 2016 年 12 月，挖掘机需求显著提升，销量连续 4 个月高速增长。其中 9～11 月同比增长分别达到 71.4%，71.4%，72.7%，75.0%，保持了连续4个月70%以上的高增长。挖掘机销量在5月份触底6月份回升后，一直保持增速边际加速的状态(图5-3)。

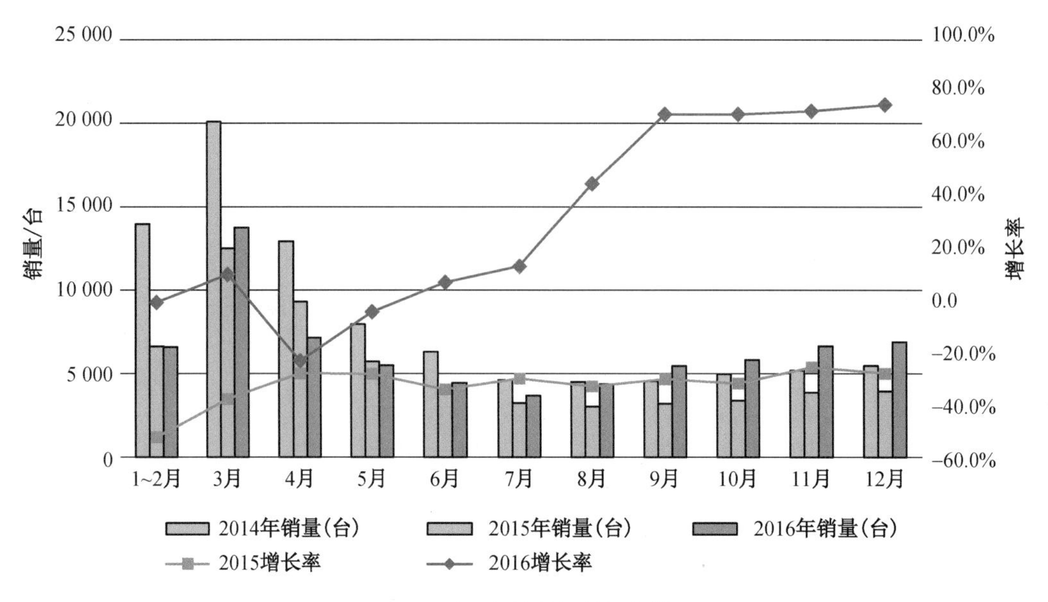

图5-3　近3年挖掘机销量和增速

(数据来源：中国工程机械协会)

2) 更新换代需求促进市场高速发展

根据《工程机械与维修》对工程机械保有量的计算方法，我国工程机械使用期一般为10年，基本符合目前我国大部分工程机械的实际使用状况。

以工程机械使用期10年为基准，以此倒推2016年挖掘机更新换代需求对应年份为2006年。纵观十年来的销售情况，2006年是销量增速较高的一年，同比增长52.95%。据此判断2016年销量中更新换代需求是重要的考虑因素(图5-4)。

2007年同样是挖掘机销售的高峰期，同比增长51.09%。因此，2017年挖掘机更新换代需求仍是影响销售市场的主要因素，挖掘机销量仍保持较大增长。

据此可以推断未来2016年后的2～3年挖掘机的更新换代需求仍是推动销量的一个重要因素。

3) 基建投资，保障未来市场整体平稳发展

挖掘机销量增速与基建和房地产投资关联性较强，而基建、房地产又与地下空间密不可分。

挖掘机作为资本品，其下游的需求对应基础设施建设、房地产投资等施工需求，整体看挖掘机的销量波动幅度较大。根据图5-5统计数据，初步判断挖掘机销量的增速

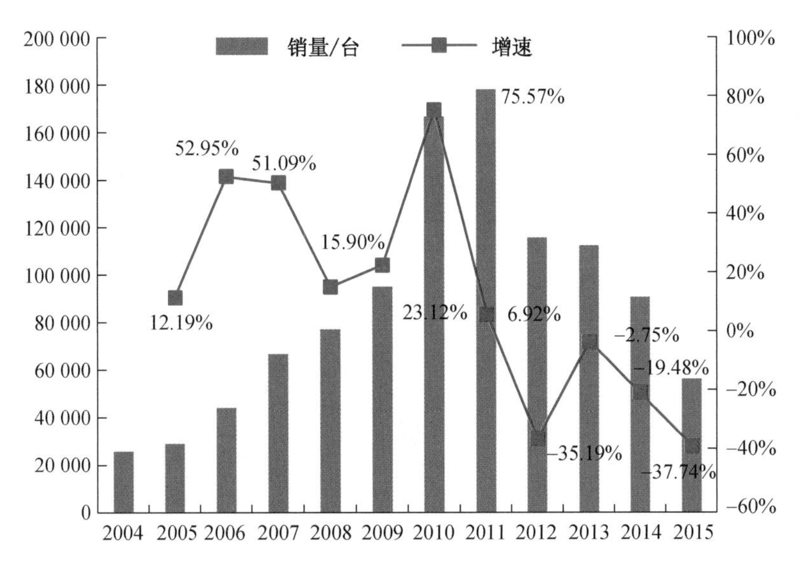

图 5-4　挖掘机历年销量和增速

（数据来源：中国工程机械协会）

相对于基建和房地产投资增速延迟 6～10 个月，并且基建投资的增速对挖掘机销量增速更具指标导向性。

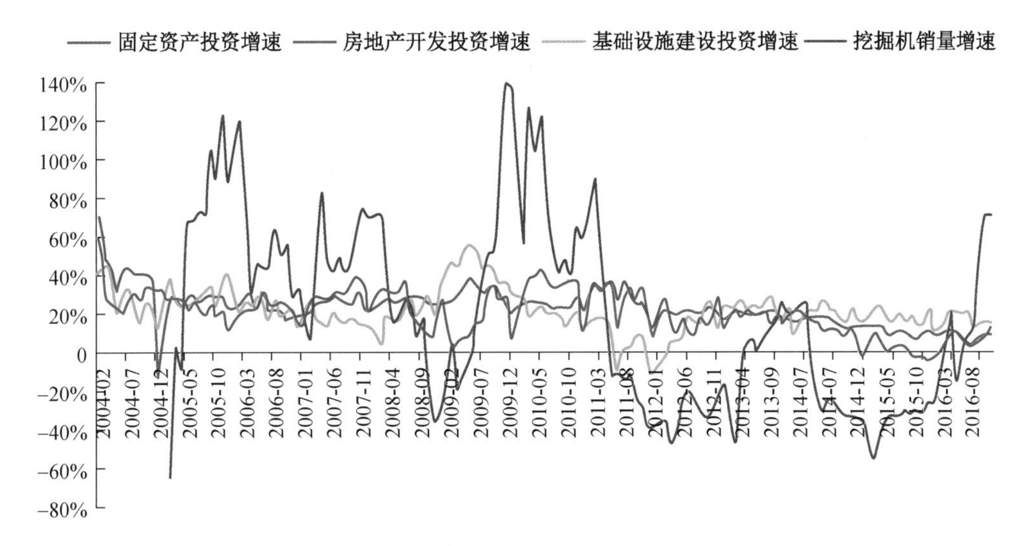

图 5-5　固定资产投资增速与挖掘机销量增速对比

（数据来源：中国产业发展研究网）

（1）基建投资发力：目前对房地产投资增速下滑，但是对于基建投资能否发力补位地产投资目前还存在重大的不确定性，但是在国家层面稳增长的发展战略下，基建投资依然属于重要的选择。

基建投资的增长依然会对挖掘机形成强有力的需求拉动。

(2) 高增长较难:房地产投资增速下滑是大概率事件。挖掘机需求因此很难高增长。

4) 国产主导优势加大

从整体销量来看,国产品牌的主导优势持续,占有率达到 52%,日韩品牌占有率 30%,欧美品牌占有率 18%(图 5-6)。

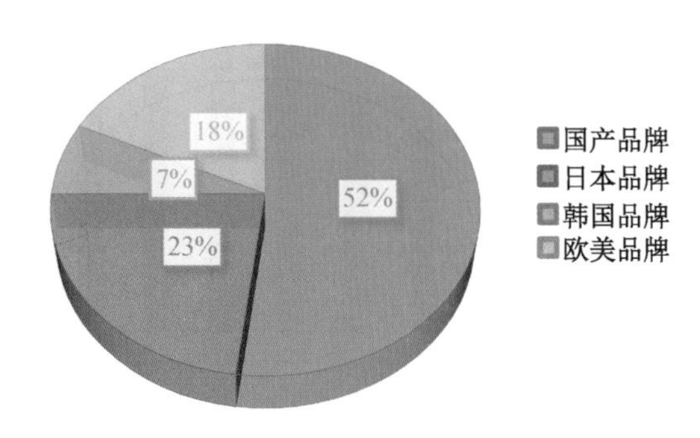

图 5-6 2016 年挖掘机销售各品牌占比

(数据来源:2016 年中国挖掘机行业市场消费量分析. http://www.chyxx.com/industry/201612/482348.html,产业网)

5) 大型挖掘机增速更快

不同挖掘机的类型结构统计结果分析,增速趋势不尽相同,而大型挖掘机增速优势明显。

大型挖掘机主要用于矿山表层土石层的剥离、装载等;优点:作业范围广、力量大、效率高;不足之处:使用成本高,维修困难。

大型挖掘机主要应用于能源、冶金(如露天煤矿、铁矿、有色矿、采石场等)、水利、基础设施等行业,而小型挖掘机由于其灵活性和较高的投资回报,主要应用于房地产开工和小型市政建设。大型挖掘机的销量增速高于小型挖掘机(图 5-7)。

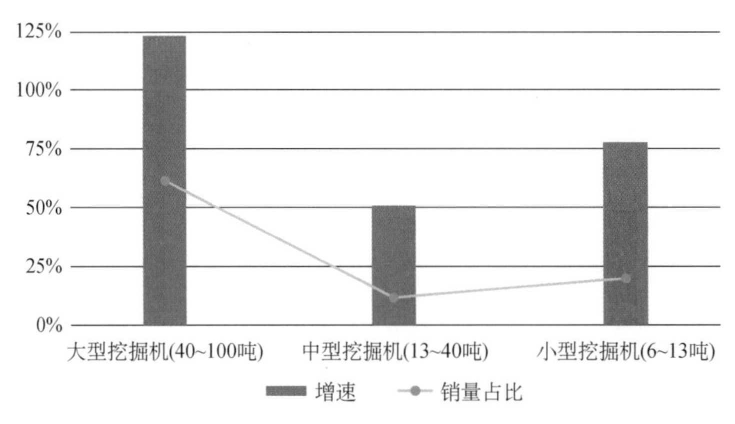

图 5-7 2016 年不同类型挖掘机销量占比及增速比较

(注:由于现行国标中无明确分类标准,故以挖掘机主参数即工作质量作为分类划分依据,结合其他各国常用划分标准确定特大型、大型、中型、小型以及微型挖掘机)

5.2.3 地下专用装备发展

1)“一带一路”促进“中国制造”

2013 年 9 月，首次提出共建“丝绸之路经济带”，10 月提出共建 21 世纪的“海上丝绸之路”。自此“一带一路”倡议正式形成。

“一带一路”重要倡议的提出和相关政策的逐步落地，有效带动了我国交通基建“走出去”，对于国内交通基建龙头企业的出口业务增长大有裨益。以中国中铁、中国铁建和中国交建为例，自 2013 年以来，三家公司境外收入稳步上升。

随着城市基础设施建设的发展和“中国制造 2025”规划启动实施，市场需求刺激中国一批企业通过技术引进、合资合作等方式进军掘进机械产业。中国企业市场份额占据国内市场的七成以上，基本具备自主研发能力和自主知识产权。

原有装备市场部分企业转型或退出，产业集中度有所提高，全断面隧道掘进机生产前三位企业的市场占有率，已经达到 60%以上。国内企业迅速壮大，已经牢牢占据了中国市场的主导地位，形成了以国有企业为主体，民营企业以及外资、合资企业共同发展的局面。

2)盾构机市场已实现从进口到“中国芯”的转变

曾经盾构机市场主要被德国、美国和日本垄断，设备成本高昂。随着我国自主研发制造能力的加强，普通盾构机的整机国产化率已经达到 90%以上，大直径和硬岩 TBM 也在逐渐实现合作制造和进口替代。设备的国产化能够大大节省隧道掘进机的购置费用，提高掘进机施工的经济性。例如大型泥水平衡盾构，合作制造价格为进口价格的 70%左右，而国内自主制造价格为合作制造价格的 60%左右。

由于隧道掘进机的国产化时间不长，许多关键部件还需进口，导致机器制造成本高。受益于我国对制造业基础实力的重视，制造业蓬勃发展，基础技术迅速进步，除了盾体、内部连接管道等基础配件能够实现国产以外，近年来已经有越来越多的部件能够实现国产化。

隧道掘进机的液压系统已经在大量形成进口替代，国内液压系统龙头企业恒立液压是其中的杰出代表。公司已经能够完整提供高压油缸、液压泵、液压阀和液压马达四大液压核心部件，成功出口到日本、欧洲等地，与法国 NFM、美国罗宾斯、日立造船、中铁隧道、中国铁建等知名国际盾构机制造企业达成长期战略合作。

长期被国外垄断的掘进机主轴承，近年来国内已经取得突破性的进展。国家将盾构主轴承的研制列入国家“863”计划，并由洛阳 LYC 轴承承研。2016 年 11 月，LYC 生产的主轴承被首次应用于再制造盾构机。该轴承可以满足直径 6～7 m 的盾构机连续工作 15 000 h 的需求，标志着我国已经能够掌握盾构机主轴承制造技术，不久的将来，新生产的和再制造的隧道掘进机有望大范围用上“中国芯”。

隧道掘进机的减速机也正在实现国产化。2016 年，蚌埠行星工程机械有限公司也有盾构减速机产品下线工作，其技术参数与性能指标国外产品无差别，达到国际先进水平，有能力形成进口替代。进口减速机的价格是 90 万～100 万元，国产化产品价格仅 30 万元，再制造产品可以是外资产品价格的 50%，交货时间也大大提前，在国外订购交货时间一般为半年，国内交货时间一般为三个月。

2015 年 10 月 19 日，工信部装备司将盾构机和 TBM 主驱动减速机、推进油缸、螺旋输送减速机加入《首台(套)重大技术装备推广应用指导目录》，并且在《目录》的 2016 年版本中再次出现以上装备。

3) 打造以盾构机为主的地下装备机械强国

目前中国企业已形成全球最大的产业规模，同时在出口方面，呈现稳步前进态势。一是以轨道交通为代表的城市基础设施建设对盾构机需求旺盛；二是随着《中国制造2025》的战略实施和“一带一路”的推进，我国迎来了打造掘进机械强国的重要机遇。

据悉，中国以盾构机为主的掘进机械的发展正面临黄金时期。据不完全统计，目前海外盾构机的主要制造厂有 18 家，而中国已有近 30 家企业从事盾构机制造。国产掘进机产品技术和质量开始被海外接受，国产盾构机已出口到东南亚、中东、南美、欧洲等国家和地区。

4) 轨道交通仍是盾构机最大市场

根据《“十三五”城轨交通发展形势报告》，城市轨道交通将出现更大规模的发展态势。一是建设城市和运营城市翻番，全国 201 个大城市中，约 100 个城市提出了城轨交通发展规划和设想，除在建的 40 个城市外，其余大多在“十三五”进入建设行列；还有一百多个城市虽未规划但轨道交通建设需求迫切。因此，“十三五”在建城市可能达到 80 个以上，运营城市超过 50 个，比“十二五”翻一番。

二是在建线路和新建里程增加一半左右。预计“十三五”在建线路约 6 000 km，建设里程约 3 000 km。2016 年，共有 22 个城市的轨道交通建设规划获得批复，规划总里程约 1 619.3 km。更多的轨道交通还在积极建设和规划中，根据发改委公布的规划数据测算，到 2021 年，城市轨道交通总里程数将接近 9 500 km，复合增长率达 18%，其中，地铁总长度约 8 030 km，后续有望新增更多规划，保持高增长态势。由于地铁的修建往往通过人口密集区，施工采用盾构法比大面积地表开挖更有优势。

地铁隧道一般为双车道，需要双向开挖，根据盾构机的设计寿命，假设每 9 km 需要两台盾构机，则共需要盾构机 1 093 台，由于隧道挖掘工作一般在地铁通车前 2～3

年进行，因此假设当年盾构机需求采用未来第 2 年和第 3 年新增里程的平均数计算，则可以得出 2017—2019 年地铁建设的盾构机需求分别为 210 台、214 台、178 台。

5）综合管廊将带动地下专用装备市场潜力

综合管廊经过一百多年的发展，其技术水平已经完全成熟，并成为了国外发达城市市政建设管理现代化象征。比如，目前巴黎共有综合管廊约 100 km，斯德哥尔摩市约 30 km，莫斯科约 130 km，东京约 126 km。

随着城市基础建设的进一步推进和技术的提升，该市场还将进一步扩大。目前我国已有部分城市综合管廊采用盾构技术施工，如海口、沈阳等，进一步推动产业市场规范化发展。

6）地下道路、隧道等对盾构施工的需求持续增加

2016 年 5 月，国家发展改革委、交通运输部联合印发《交通基础设施重大工程建设三年行动计划》，2016—2018 年拟重点推进铁路、公路、城市轨交等交通基建领域共 303 个项目，涉及项目总投资约 4.7 万亿元，其中 2016—2018 年分别为 2.1 万亿元、1.3 万亿元、1.3 万亿元。作为地下道路和隧道挖掘、建设的必要设备，以盾构机为代表的地下掘进装备将受拉动而持续发展。

7）海外市场成为盾构机新的增长点

紧跟“一带一路”发展布局，新兴掘进设备进入海外市场势头良好。目前我国的全断面隧道掘进机产业出口形势良好，出口国家和地区有所扩大，除原来的新加坡、马来西亚、伊朗、印度等外，还开始出口非洲、南美洲、澳洲及欧洲，国内掘进机产品质量趋于稳定、产品性价比好的特点已逐渐被国外用户所认识。

预计今后一段时间，以东南亚、南亚、南美、非洲为主的盾构机市场潜力很大，逐步打入欧美澳等发达地区的可能性也很大。根据中铁装备海外订单的增长情况，保守估计我国盾构机出口增长率在 30%以上。

B 6 科研与交流

Blue book

田　野　张智峰

6.1 科研项目

6.1.1 学术论文

1）总量同比有所下降，建筑方向仍占主导

根据中国知网、万方数据、谷歌学术等在线数据库以及慧龙地下空间信息数据录入系统（简称慧龙地下数据）中检索和统计，2016 年，共发表以地下空间为研究方向或研究内容涉及地下空间的学术论文约 1 816 篇。论文主要集中在 7 个主要研究领域，如建筑学、土木工程、水利工程、测绘科学与技术、地质资源与地质工程、矿业工程、教育学等。7 大领域在 2016 年期间有关地下空间内容的学术论文发表量之和占总数量的 93.3%（图 6-1）。

此外，"地下空间"正朝着学科化方向发展，逐步扩展至"交通运输工程""战略/战术学"等领域。

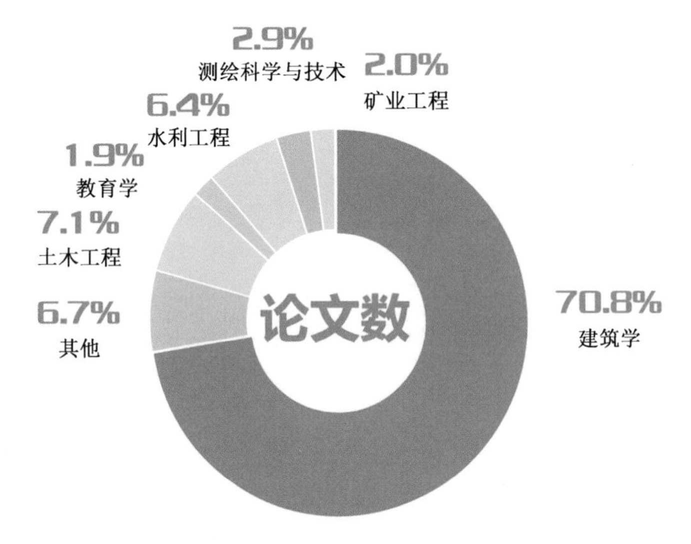

图6-1 2016 年各研究领域的"地下空间"学术论文发表数量比重图

（资料来源：中国知网、万方数据、慧龙地下数据等检索数据库）

2016 年有关地下空间的学术论文中，录入 SCI，EI，CSSCI，中国科技核心期刊、北大核心期刊、CSCD、SCIE 等核心期刊的共计 311 篇，占全年地下空间学术论文总数的 17%，同比 2015 年有所下降。

2）规划研究类主题有所上升

按照"地下空间"规划、设计、建设、管理等"全生命周期"的视角，有关地下空间内容的学术论文分为“地下空间规划研究”和“地下工程建设实施”两个学术研究主题。各学术主题均包括地下交通、轨道交通(以地铁为主)、地下市政、地下公共服务、地下仓储物流、综合利用、人防工程等研究方向。

2016年有关地下空间学术论文中,“地下空间规划研究”576篇,占2016年地下空间学术论文总数量的32%;地下工程建设实施1240篇,占2016年地下空间学术论文总数量的68%(表6-1)。其中:

(1) 2016年,“地下空间规划研究”主题的核心期刊收录比例达33%,高于“地下工程建设实施”研究主题。

(2) 同比2015年各学术主题的核心期刊收录比例,2016年均有所降低。

表6-1 两大学术主题核心期刊收录情况比较

学术主题	学术论文总数/篇	核心期刊收录/篇	收录率	同比2015年核心期刊收录率
地下空间规划研究	576	188	33%	50%
地下工程建设实施	1 240	123	10%	13%

数据来源:中国知网、万方数据、维普资讯等检索数据库。

3) 核心期刊偏重规划研究

2016年,新晋入选中国科学引文数据库核心期刊(CSCD 2015—2016)的《地下空间与工程学报》共收录关于地下空间内容的学术论文23篇。其中,“地下空间规划研究”主题共计20篇;“地下工程建设实施”主题共计3篇。

基于数据判断:《地下空间与工程学报》相对偏重于“地下空间规划研究”主题,其收录的学术论文以地下空间综合利用、地下空间资源、地下空间需求、地下空间信息化、地下空间产权等研究方向为主。

4) 研究方向仍为政策导向型——以综合管廊为例

(1) 学术论文单年数量超“十二五”总和。2016年,单年发表的综合管廊研究方向学术论文数量多于2011—2015年综合管廊研究方向学术论文总数量,印证了《2015年中国城市地下空间发展蓝皮书》中“地下市政,地下物流研究将实现突破性增长”的预测结论。

(2) 核心期刊收录率趋于稳定。近三年内收录率11%~12%,但同比“地下空间规划研究”主题的核心期刊收录率水平较低,学术论文质量有待提高。

(3) 地下空间管理类有望成为近期重点研究方向。学术研究一般应先于制定政策,因此“基于地下空间的多规合一”“基于地下资源的空间规划”“基于信息化(大数据)

的地下空间规划管理”等有望成为未来地下空间学术的重点研究方向(图 6-2)。

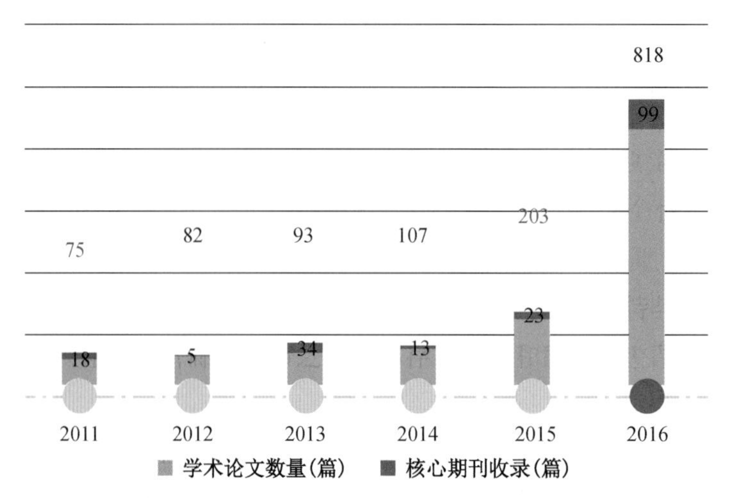

图 6-2 2011—2016 年综合管廊研究方向学术论文发展情况一览表
(数据来源:中国知网、万方数据、维普资讯等检索数据库)

6.1.2 学术著作

1) 学术著作出版物数量大幅增长

2016 年,中国城市地下空间相关学术著作共出版 36 本,包括标准规范、专著和教材,较 2015 年增长 22 本。

2) 中国建筑工业出版社、同济大学出版社是地下空间学术著作的最佳“展示平台”

2016 年,共有 17 家出版社出版发行中国城市地下空间相关学术著作,其中,中国建筑工业出版社和同济大学出版社的出版物共计 16 部,占总量的 45%(图 6-3)。

3) “高校”仍是相关地下空间理论研究的最优“孕育载体”

2016 年,地下空间相关学术著作出版物的主要作者(署名前三位)共计 40 余人。其中:

(1) 80%的作者在科研院校(高等院校)任职,集中在同济大学、中国人民解放军陆军工程大学(原解放军理工大学)等具有传统特色“地下空间”院系与学科的高校,以及山东科技大学等开设“城市地下空间工程”专业的高校。

(2) 20%的作者在企事业单位任职,包括深圳市规划设计研究院、广州市建筑科学研究院、上海第二市政工程有限公司、浙江省公路管理局、南京慧龙城市规划设计有限公司等,业务范围以从事地下空间规划设计与工程设计为主。

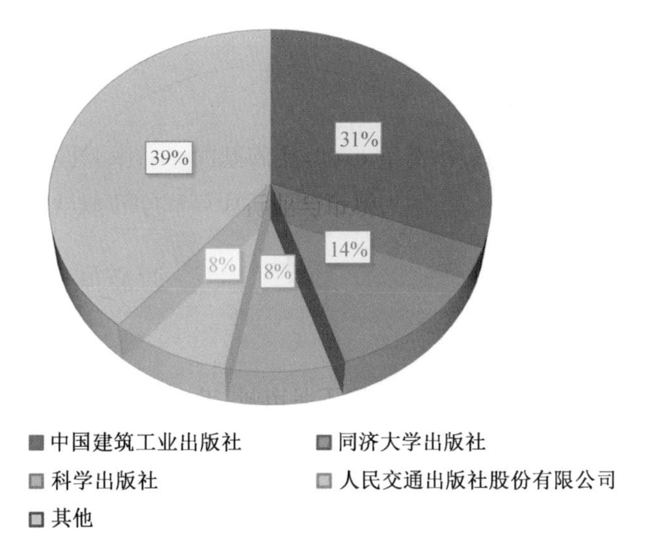

图 6-3 2016 年公开发行的地下空间相关学术著作出版社统计

（数据来源：中国国家数字图书馆联机公共目录查询系统）

6.1.3 科研基金

1）获批基金数量与研究经费增长近一倍

2016 年全年，“地下空间”自然科学基金共获批 32 项，合计 1 658 万元。与 2015 年相比，数量增长了 110%，研究经费增长了 95%。详见附录。

2）地下空间安全保障类研究项目大幅增长

延续《2015 中国城市地下空间发展蓝皮书》中“地下空间”自然科学基金项目分类，即基础研究，开发建设，施工技术和安全保障 4 类：

（1）基础研究：各种介质对地下工程建设的影响研究以及地下工程建设对周围环境的影响研究。

（2）开发建设：地下工程的规划、设计、建设及实施管理等相关研究。

（3）施工技术：地下工程建设工艺、技术等相关研究。

（4）安全保障：外部、内部灾害对地下工程的结构、开发建设、施工等影响研究。

2016 年获批的“地下空间”自然科学基金中，“基础研究”“施工技术”基金数量比重同比 2015 年基本未变；“安全保障”基金数量比重同比 2015 年提高了 17%，基本趋于“开发建设”基金数量比重的缩减幅度（表 6-2）。

① 2016 年“地下空间”科研更加关注地下开发的“安全保障”领域研究。

② 未来“安全保障”科研领域将基于“地下空间”的系统性“开发建设”。

表 6-2 “地下空间”自然科学基金研究方向分类统计表

研究方向	项目列举(经费排名前 2 名)	数量比重	同比增长率
基础研究(11 项)	强震作用下饱和软土场地地下结构动力灾变机理及震后固结效应研究 荷载作用下纤维对地下结构带裂缝混凝土抗渗性能的影响 ……	34%	↑2%
开发建设(2 项)	地铁对城市通达性的影响及其空间溢出效应——基于南京、杭州、南昌的对比研究 平行地裂缝的地铁隧道地震响应及安全距离研究 ……	6%	↓18%
施工技术(5 项)	基于水楔侵彻方法的地铁盾构隧道 EPDM 密封垫长期服役性能研究 地下结构柔性支护地震动响应特性研究 ……	16%	↓1%
安全保障(14 项)	城市地铁施工安全风险动态分析与控制 防灾减灾工程及防护工程 ……	44%	↑17

数据来源:科学基金网络信息系统。

3) 获批项目最多的为同济大学

2016 年获批“地下空间”自然科学基金的机构按照获批数量和经费金额排序(数量优先于金额)(表 6-3)。

同济大学获批“地下空间”自然科学基金 4 项,经费金额总计 177 万元。

表 6-3 2016 年获批“地下空间”自然科学基金的科研院校 TOP5

机构名称	数量/项	金额/万元	排名	研究方向			
				基础研究	开发建设	施工技术	安全保障
同济大学	4	177	1	2	—	2	—
北京工业大学	2	351	2	—	—	—	2
中国人民解放军陆军工程大学(原解放军理工大学)	2	150	3	—	—	1	1
东南大学	2	138	4	—	—	—	2
大连理工大学	2	109	5	1	—	—	1

数据来源:科学基金网络信息系统。

6.2 学术交流

2016年,举办“地下空间”领域的学术交流会议共19场次。其中,延续2015年的研讨会议8场次。

(1) 研讨会议主题以国家政策为导向。除“延续”会议外,70%的研讨会议以“综合管廊”为主题或以“综合管廊”为主要研讨对象,与近几年我国推行综合管廊建设关联较大。

(2) 中国岩石力学与工程学会对于“城市地下空间工程”专业的人才培养做出了突出贡献。由中国岩石力学与工程学会主办的“第七届全国城市地下空间工程专业建设研讨会”,选举产生了城市地下空间工程专业建设工作委员会、成功举行第一届全国城市地下空间工程专业青年教师讲课大赛和大学生设计竞赛,在城市地下空间工程专业研讨会历史上具有标志意义。

(3) 中国土木工程学会成为2016年主办学术会议最多的地下空间学术机构。

(4) 2016年“城市地下空间”年度人物:

陈志龙教授被评为我国首位“地下空间和人防”专业的全国工程勘察设计大师。

束昱教授成为2016年地下空间学术会议交流最频繁的专家。

6.3 智力资源

6.3.1 城市地下空间工程专业建设工作委员会

2016年“第七届全国城市地下空间工程专业建设研讨会”成立了城市地下空间工程专业建设工作委员会。

其中主任委员李术才教授,为中国岩石力学与工程学会副理事长、山东大学副校长兼土建学院院长。

6.3.2 城市地下空间工程专业

1) 新设专业的院校历年最多

截至2016年年底,全国共计55所大专院校开设了“城市地下空间工程”专业(专业代码:081005)(表6-4)。

其中,2016年新设该专业的大专院校数量为12所,达到历年的单年增长峰值。

表 6-4　2016 年高校获批开设“城市地下空间工程”专业一览表

序号	院校名称	院校所在地	院校属性
1	常州工学院	江苏	—
2	防灾科技学院	河北	—
3	华北科技学院	河北	—
4	淮阴工学院	江苏	—
5	商丘工学院	河南	—
6	中原工学院	河南	—
7	西南交通大学	成都	教育部直属;985;211
8	西安建筑科技大学	陕西	—
9	东华理工大学	江西	—
10	中国矿业大学(北京)	北京	教育部直属;211
11	青岛工学院	山东	—
12	武汉生物工程学院	湖北	—

资料来源:中国教育部阳光高考信息公开平台(www.gaokao.chsi.com.cn)。

2）专业院校江苏领先

全国 55 所已开设地下空间工程专业的大专院校中：

(1) 江苏省共 8 所大专院校,其数量仍保持全国领先。

(2) 教育部直属、工业和信息化部直属的院校共 6 所,分别为中国矿业大学(北京)、西南交通大学、哈尔滨工业大学、中南大学、东南大学、山东大学,均为“985”或“211”。

(3) 江苏省(8 所)、河南省(7 所)、山东省(5 所)、河北省(4 所)、湖南省(4 所)、吉林省(4 所)、辽宁省(4 所)是“城市地下空间工程”专业人才培养和人才输出的重点地区,开设“城市地下空间工程”专业院校占全国总数量的 65%(图 6-4)。

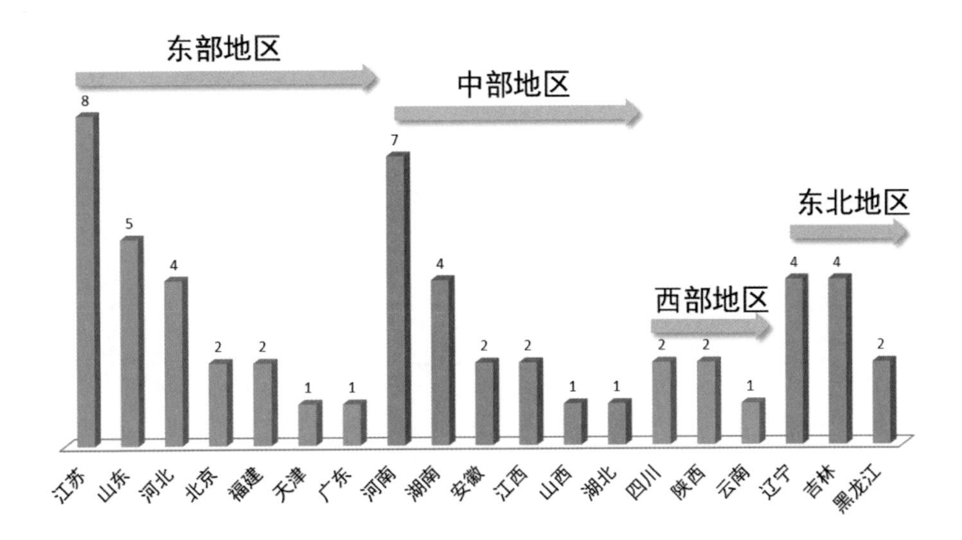

图 6-4　省级行政区开设“城市地下空间工程”专业的院校数量

资料来源：中国教育部阳光高考信息公开平台(www.gaokao.chsi.com.cn)

B lue book

7 城市地下空间灾害与事故

王海丰

"向地下要空间",已经成为当前城市发展的一个大趋势,但全国各地不断出现地下空间安全问题。而且,地下空间一旦发生灾害性安全事故,其危害程度远远大于地面,这将会给城市基本运行带来严重的甚至灾难性的后果。

7.1 灾害与事故统计

7.1.1 数量与类型

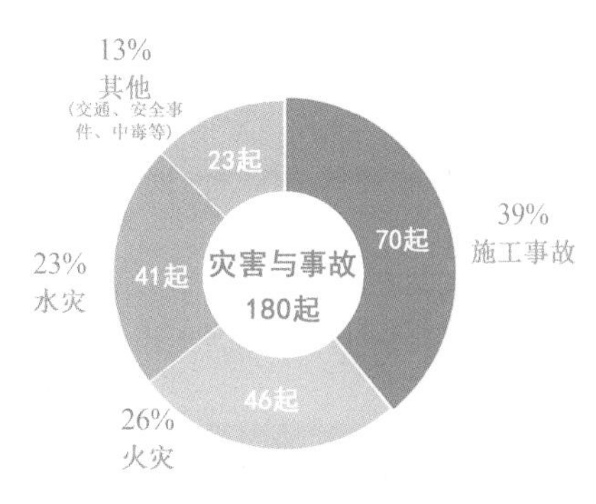

图 7-1 2016 年中国城市地下空间灾害与事故数量与类型分析图

根据 2016 年各地人民政府网公布数据以及地方日报等报道的数据整理,中国城市地下空间灾害与事故全年共发生 180 起,同比增长 11.8%(图 7-1)。

火灾、水灾事故较 2015 年发生次数增多,占所有事故的比例上升;地下工程施工事故比重依然最高,发生频次与 2015 年基本持平,所占比例有所降低。

其中,施工事故仍是最多的类型,共 70 起;其次是火灾 46 起,水淹、洪涝事故 41 起。由于 2016 年地下交通事故、安全事件、地质灾害、中毒事故等发生频次较少,将其统一划归为其他灾害与事故类型,合计 23 起。

同 2015 年相比,施工事故发生次数显著下降,占比由 54.7%下降至 38.9%,下降 16 个百分点。此类事故的减少,一方面与近年来安全施工措施、责任制度等政策、规定的具体全面化实施有关;另一方面,安全第一、合理安排工程进度已成为每个参与者的主观意识。

地下空间火灾、水灾发生频次明显增加。其中,火灾占比由 11.8%增加至 22.8%,增加 11 个百分点;水灾占比由 6.2%增加至 25.6%,增加 19 个百分点,和 2016 年中国夏季多个城市频繁极端暴雨,导致城市严重滞涝。

其他类型灾害与事故发生频次较少,其中,交通事故(轨道交通坠轨事故)同比显著下降,2016 年发生 9 次,比 2015 年下降 14 起。

7.1.2 分布与频率

1) 省级行政区

通过公开数据统计分析,2016 年中国共有 30 个省级行政区 93 个城市(含港澳台)

发生地下空间灾害与事故，多发区域主要集中在北京市、长江中下游及东部沿海省份。

其中，江苏省、广东省、北京市发生频次最高，澳门特别行政区、海南省、山西省和西藏自治区未有城市地下空间灾害与事故的公开数据(图 7-2)。

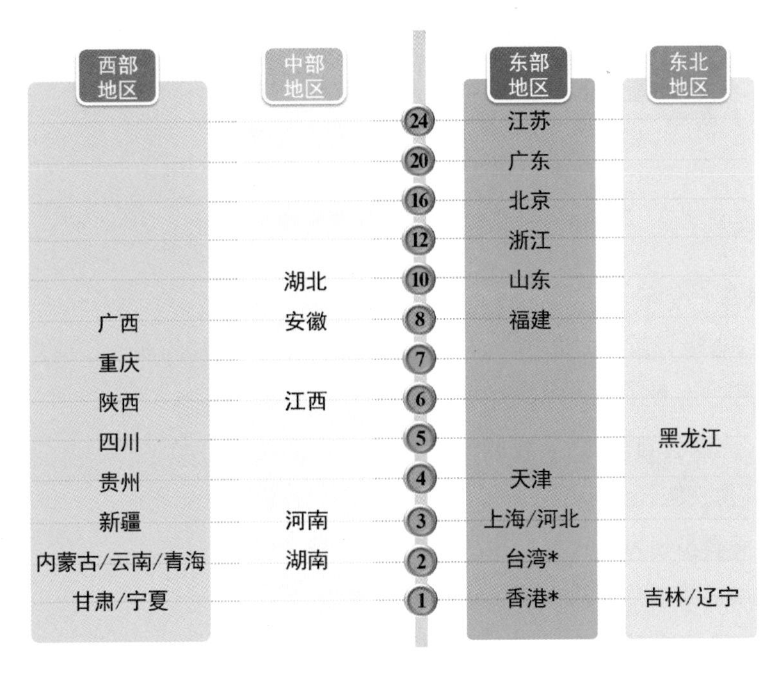

图 7-2 2016 年中国城市地下空间灾害与事故区域分布频率图(按省级行政区)

按城市级别统计，副省级城市以上(含)28 座；按城市规模统计，超大城市、特大城市、大城市、中等城市、小城市均有分布。

总体上看，城市发生灾害与事故的频次与其地下空间开发建设水平成正比。频发地区以经济水平相对较好，地下空间开发利用相对发达的东部地区、中部地区的特大、超大城市为主。频次最高的城市分别为北京市、南京市和广州市。

7.1.3 伤亡统计分析

1) 类型与伤亡

2016 年 180 起城市地下空间灾害与事故中，死亡 102 人，伤 58 人。伤亡人数较前一年锐减(图 7-3)。

其中，施工事故仍是伤亡人数最多的类型，但与 2015 年相比，伤亡人数明显下降，下降 29.8%。

地下空间火灾的伤亡人数较 2015 年有所增加，增加 12 人。

地下空间水灾与 2015 年相同，未出现伤亡，但导致经济损失巨大，据不完全统计，

2016年中国城市地下空间由水淹地下车库，导致车辆损毁带来的经济损失约9.24亿元。

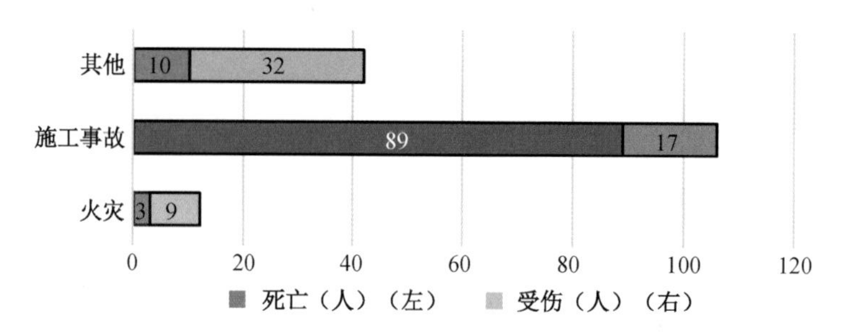

图7-3　2016年中国城市地下空间灾害与事故伤亡统计分析示意图

2）区域伤亡分布

2016年，省级行政区中北京市、广东省、湖北省、贵州省、台湾省人员伤亡人数都在10人以上（图7-4、图7-5）。

湖南省、内蒙古自治区、宁夏回族自治区和香港特别行政区虽有地下空间灾害事故，但无人员伤亡统计。

其中台湾省虽然发生灾害与事故次数少，但是受伤人员较多，主要受7月7日台北市太铁松山站人为爆炸事故影响。

2016年，城市地下空间总体建设规模和工程数量继续增长，灾害与事故发生频次较2015年增加近20次，而人员伤亡数与2015年相持平，这与地下空间开发建设施工的规范化、应急处理的快速化有关，尤其是施工事故得到有效控制。

从侧面反映我国城市地下空间发展，正由全面建设到逐步投入使用阶段过渡期，未来增强使用安全意识，加强预防和防范措施，引起广大社会重视。

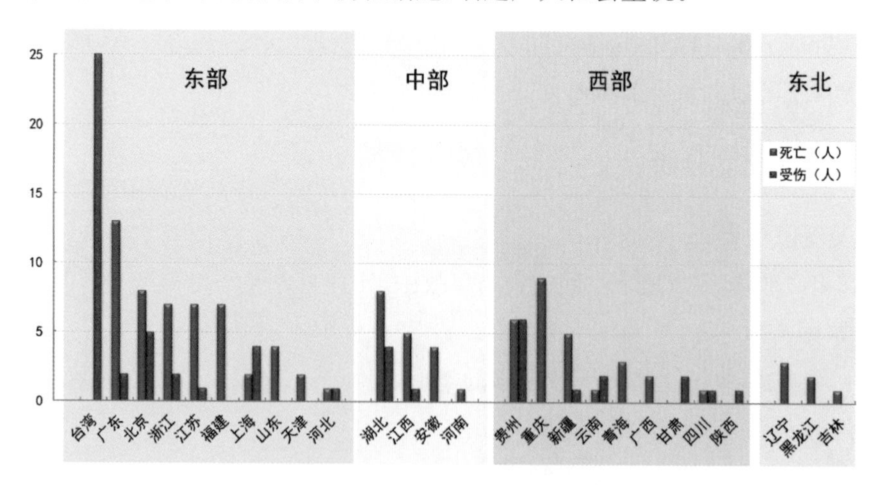

图7-4　2016年中国城市地下空间灾害与事故区域伤亡分布示意图

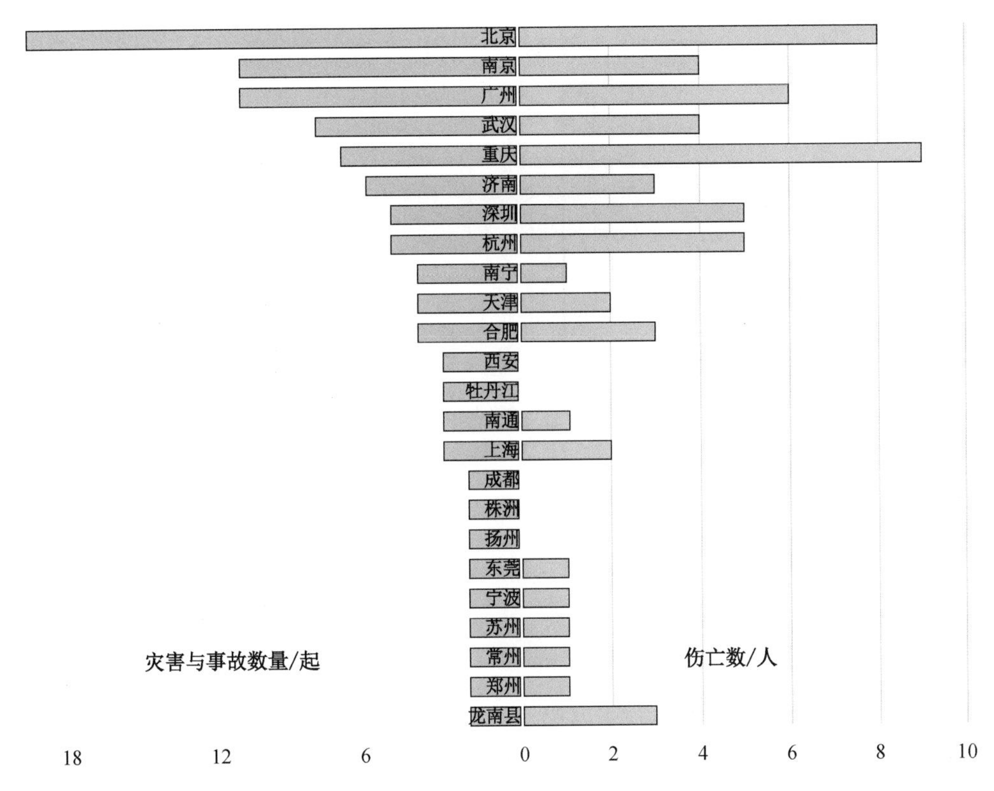

图 7-5 2016 年中国主要城市地下空间灾害与事故数量与伤亡分析示意图

（注：图中仅统计灾害事故 1 起以上的城市）

7.1.4 发生时间与类型

1）发生季节与类型

2016 年春、夏两季为城市地下空间灾害与事故多发期，其中，夏季最多共发生 76 起，冬季在全年中灾害与事故发生次数最少。

2016 年，全年的城市地下空间灾害与事故以施工事故为主。2016 年，夏季全国大多城市高温天数呈现同比增长趋势，受气候等影响，安全意识和保障措施淡化。

延续多年的规律，夏季仍是地下空间水灾的高发期，当季应做好地下空间防洪工作。

干燥季节易引发火灾，地下空间的密闭性和不易察觉性导致火灾难以第一时间发现并处理。与 2015 年冬季火灾最多的现象不同，2016 年地下空间火灾主要发生在春季，与春节前后疏于管理不无关系。应时刻警惕火灾的发生，将安全施工与管理使用贯穿整年度（图 7-6）。

由交通原因引发的地下空间事故，全年同比显著下降。

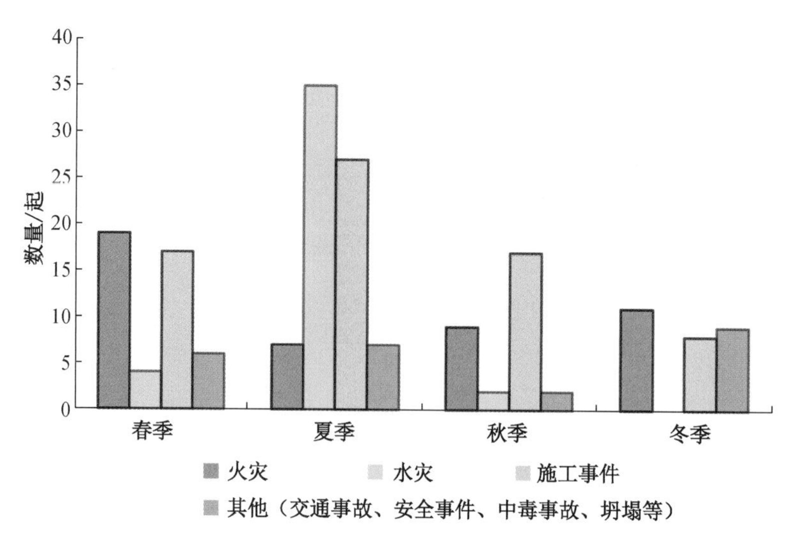

图 7-6　2016 年中国城市地下空间灾害与事故发生季节分析示意图

2）发生月份与类型

2016 年城市地下空间灾害与事故高频次发生月份为 6 月份和 7 月份，发生 25 起以上。当月地下空间灾害与事故发生频次在 20 起以上的有 4 月，6—8 月；最少月份为 12 月，发生 6 次。

施工事故全年各月份均有发生，5 月、11 月多发，都在 10 次以上；2 月施工事故发生次数最少(图 7-7)。

结合城市地下空间灾害与事故不同类型与发生时间的特点，针对易发、多发期，加强预防措施；重点加强施工事故的预防安全风险预警预防，在建设中要规范设计和施工，因地制宜、合理合法地开发利用地下空间。

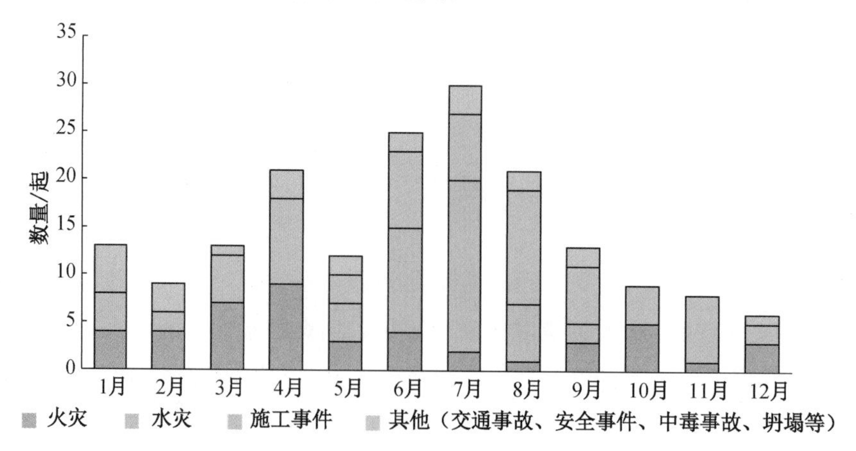

图 7-7　2016 年中国城市地下空间灾害与事故发生月份分析示意图

7.1.5 场所与类型

2016 年，中国城市地下空间灾害与事故主要发生在地下停车库、轨道交通设施、地下市政设施、地下仓库等已投入使用和建设中的场所。

灾害与事故发生的主要场所仍是地下停车库和人员活动频繁的轨道交通设施。其中发生在地下停车库 65 起，轨道交通设施内 43 起，这两类场所发生比例占总量的 60%。

但与 2015 年相比，在轨道交通设施中发生的灾害与事故显著降低，这与轨道交通的建设规范化以及运维管理的有序化密不可分。

受 2016 年夏季连续暴雨天气影响，多个城市的暴雨量已超出城市排水能力，内涝严重，地下空间受淹严重，尤其是地下停车库，灾害发生频次显著上升。未来地下空间建设、使用和管理过程中，应加强防灾尤其是防洪应急措施(图 7-8、图 7-9)。

在灾害与事故类型与发生场所看，火灾多发生在地下仓库；地下施工事故、水灾多发生在地下轨道交通和地下停车库；地下交通事故、安全事件基本发生在地下轨道交通设施，施工事故各场所均有发生。

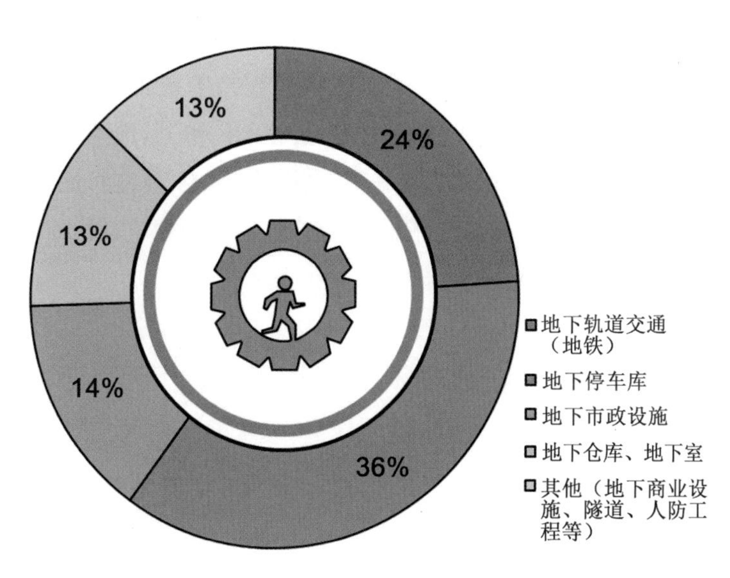

图 7-8 2016 年中国城市地下空间灾害与事故发生场所分析示意图

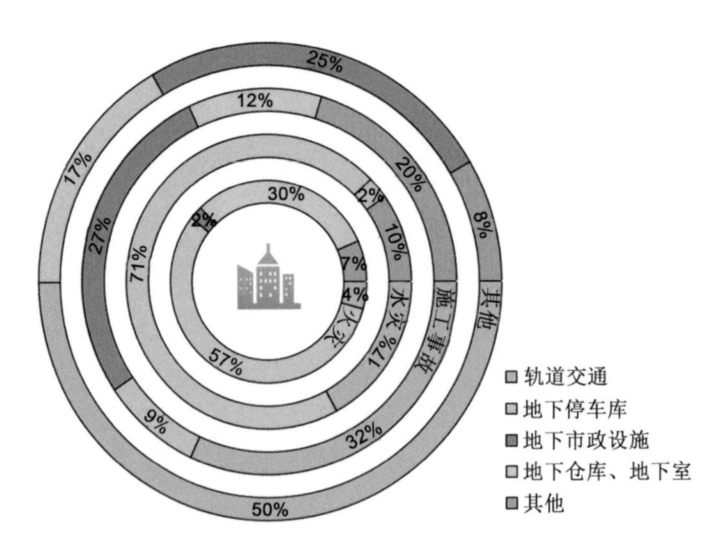

图 7-9 2016 年中国城市地下空间灾害与事故发生场所与事故类型分析示意图

7.2 防灾安全措施建议

1）安全监管能力仍需提高

首先，从城市地下空间领域的立法来看，大多重视技术立法，而缺乏监管立法。其次，由于监管主体受自身政府机关或事业单位人员编制的限制，地下空间安全监管人员数量严重不足。此外，在“互联网＋”的背景下，利用信息化手段监管地下空间运营安全仅在少数地区的部分地下空间有应用，全国多数地区尚未建立信息化的监管监督机制。加强统计分析，为地下空间安全风险监测和重点监管提供依据。

2）构建体系，资源共享

建立完善的地下空间运营安全监管法律法规体系，建立地下空间运营安全的监测与预警机制。统一规划建设覆盖各专业的地下空间安全应急处置平台，实现“资源共享，统一调度，多方参与，社会联动”。加强应急处置，保障快速准确救援。

B

8 未来发展设想

Blue book

刘　宏

8.1 地下空间建设管理规范化

将地下空间资源作为重要的城市空间资源，有序开发，合理利用，有效保护。

1）城市地下透明化

对城市地下资源进行全面有效勘查，将城市地下空间（市政管线、地下交通、商业、综合体、仓储、人防等）的数量、位置、功能、开发利用情况完整掌握，实现城市地下透明化。

2）城市基础设施地下化

从实现城市可持续发展的要求出发，以提高城市韧性为目标，明确城市各类基础设施建设时优先考虑地下建设的功能。

3）地下空间资源分层化

对城市地下空间资源根据其分布情况合理分层，明确各层的主导功能、开发时序以及保护策略等。

4）地下空间管制法定化

推动地下空间的法制化建设。

8.2 地上地下规划一体化

将地下空间作为城市空间的重要组成部分，从规划至建设管理实现地上、地下空间一体化综合利用。

1）城市总体规划三维立体化

将地下空间真正纳入城市总体规划，使城市总体规划从原来的平面规划转化成三维立体，而不是将城市地下空间规划作为城市总体规划的一个专项规划。

2）城市地下空间规划综合化

地下空间规划尽管是一项专项规划，但其涉及的内容广，发挥的作用远远超出了其他任何一项专项规划，因此要像编制总体规划一样编制地下空间规划，从可持续发展的高度准确定位地下空间建设发展在城市中的地位，明确地下空间开发强度和功能布局，控制各类设施地下化的指标和策略等。

3）地上地下空间利用指标化

从城市可持续发展的角度出发，各城市要明确地下空间人均指标以及各类基础设施下地指标（轨道交通、地下停车库、地下道路、地下变电站、地下污水处理厂、地下垃圾转运站和处理厂等)。

4) 规划设计地上地下一体化

在规划和设计中,树立地上地下一体化理念,将地上地下空间作为一个整体,综合考虑功能、布局、造型、装修、园林等各方面,充分发挥地上地下空间各自的优势,实现地上地下空间一体化。

8.3 建立符合中国国情的法律法规和政策保障体系

(1) 推进城市地下空间开发利用的科学立法,完善城市空间资源保护法律法规体系。

(2) 注重城市地下空间开发重点领域立法研究,健全地下空间资源利用政策支撑体系。

(3) 深化城市地下空间管理体制机制改革,建立城市地下空间开发建设制度保障体系。

(4) 强化城市地下空间应用技术与知识产权保护,构建地下空间产业可持续的司法保障体系。

附录

Blue book

附录 A　地下空间详细规划编制技术指南

A.1　背景说明

2016 年——“十三五”的开年，随着中国新型城镇化进程进一步推进，轨道交通和地上地下综合建设带动城市地下空间开发进入高速发展期。强化土地节约集约利用已成为战略发展手段，《国务院关于深入推进新型城镇化建设的若干意见》、《国民经济和社会发展第十三个五年规划纲要》等国家政策文件中，多次强调“统筹城市地上地下设施规划建设”，“推进建设用地多功能开发、地上地下立体综合开发利用”，因此，急需规划指导城市地下空间建设。

住房和城乡建设部编制的《城市地下空间开发利用“十三五”规划》中，明确“建立和完善城市地下空间规划体系，推进城市地下空间规划制定工作”的规划目标，要求“到 2020 年，不低于 50％的城市完成地下空间开发利用规划编制和审批工作，补充完善城市重点地区控制性详细规划中涉及地下空间开发利用的内容。”

在此背景下，2016 年的城市地下空间规划市场从“十二五”的严冬复苏，整体行业蓬勃发展。据编撰组利用公开信息统计，2016 年度城市地下空间规划的市场份额较 2015 年大幅增长，涨幅超 40％。

当前中国城市地下空间开发利益牵涉面广，产权及管理都缺乏顶层设计支撑，已编制完成的地下空间（总体或专项层次）规划的深度不一，虽在空间协调、功能布局、开发时序等方面尝试作出了谋划和战略布局，但因主管机关意向和参与度以及编制人员专业素质等因素的影响，规划指标体系仍不完善，距离指导权属地块、公益性项目等地下空间建设仍缺少衔接与统筹安排。因此，许多城市出现政府主导的地下公共项目难落地、权属地块地下空间建设难约束、地下交通网络难实现等问题，使城市地下空间（总体或专项层次）规划的权威性下降，有违地下空间规划的初衷。

如果将城市地下空间总体（专项）规划比作城市地下空间的宏观把控和发展蓝图，那么地下空间详细规划就是将规划蓝图落实到城市建设的具体手段，是规划体系的中微观层面的执行标准。同时作为各个地块、具体项目的规划管理依据，地下空间详细规划也是城市片区（功能区）控制性详细规划的完善与补充，是城市规划体系中不可或缺的重要一环。据统计，2016 年度地下空间详细规划的公开招标数量较 2015 年翻一倍，预计至 2020 年，地下空间详细规划的市场需求呈持续增长态势。

2016 年，编撰组完成的《城市地下空间规划编制技术指南》，向地下空间规划管理者和规划编制人员提供了参考依据。内容得到业界一致好评，为城市地下空间开发利用的宏观把控指明了方向，推动城市地下空间规划市场的标准化、规范化发展。

在《城市地下空间规划编制技术指南》的基础上，研究制定《地下空间详细规划编制技术指南》。拟从规划编制方法和基本内容入手，提出符合城市片区（功能区）地下空间详细规划的规划方法、措施要求，以期提高从业人员对城市地下空间详细规划编制的认知，提升地下空间专业人员素质和业务能力。为完善城市规划体系、加强城市规划建设和管理，推进城市地下空间开发利用的综合管理提供一个可以借鉴使用的范式样本。

A.2 技术要则

A.2.1 规划编制工作基本要求

1）目的依据

城市总体规划编制过程中对地下空间内容涉及的较少，主要是规划结构以及满足人防、地下停车等原则性要求和规定。一些规模较大、有地下空间开发利用需求的城市在编制重点地区控规的过程中，尝试开展了一些研究，部分规划成果也提出了控规阶段地下空间规划的主要内容和控制引导要求。但总体来看，该项工作仍处于起步探索阶段，尚未形成完善的内容体系，存在规划编制与规划管理脱节的现象。

2）现状分析

对规划区地上地下现状进行分析，包括现状工程地质、水文地质、地下管线情况，地面及地上土地利用现状，包括用地功能、规模、分布、交通组织等情况，地下空间利用的规模、数量、主要功能、分布等状况，人防工程分布、使用现状、现状地下交通设施、公共设施、商业设施、市政公用设施等情况，并对现状地上、地下空间利用情况及存在的主要问题进行分析与评价。

3）既有规划解读

分析既有规划，解读和梳理上位规划中关于地下空间利用的内容。

与城市地下空间总体规划、片区控制性详细规划充分对接，落实轨道交通站点城市设计以及其他相关专项规划中对地下空间的规划要求及总体指导，梳理规划区地下空间发展需求及重点。

4）需求预测

研究分析地下空间需求规律和规划区发展特征，提出规划区地下空间发展需求规模和主要技术经济指标。

5）总体布局

提出规划区地下空间开发利用规划总体目标与空间布局。

对公共地下空间进行规划设计，对权属地下空间提出要求，确定地下重点工程的布局与规模。结合各级城市公共活动中心，以轨道交通站点和地下街为核心，串联单体建筑地下空间，形成点、线、面结合的地下空间网络。

6）功能设施规划

针对现状问题提出解决方案和对策，着重研究地下空间各类重点设施布局，包括地下交通设施规划、地下公共服务设施规划、地下市政公用设施规划、地下防灾设施规划等。

提出各功能设施布局、规模、地下化率、出入口、竖向、连通及整合要求等。

重点考虑各功能的衔接和整合，提出地下车行及人行系统、地下公共服务设施、综合管廊、公共防灾工程等规定性和引导性量化指标。

7）地下空间规划控制图则

根据规划控制指标体系制定规划区地下空间开发利用控制导则，包括：地下空间主导功能、开发强度和建设规模，公共交通设施、地下公共服务设施、防灾减灾设施、市政公用设施和其他地下建（构）筑物的平面布局和控制要求等，提出地下空间平面与竖向结合的控制要求，制定与控规管理单元结合的地下空间开发控制导则。

绘制体现规划区内各开发地块地下空间开发利用与建设的各类控制性指标和控制要求的图则，包括图纸、指标和设计引导条文三方面内容。

8）重要节点深化

对交通枢纽节点、公共建设集中区、公园绿地地下综合体等重要节点进行深化设计，确定地下空间开发的规模布局、分层功能、交通组织、连通与避让等方面控制与引导要求，并注意与地上功能相结合。

重点考虑轨道站点、地下商业街、商业综合体、文化综合体等平面与竖向设计要求。重点对动静态交通组织、防灾（含消防、人防）以及分层布局、竖向设计、出入口及开敞空间等的设计引导，并与地上空间进行对接。

对建设方式、工法、工程安全措施进行说明，测算技术经济指标及投资估算。

9）规划实施建议

结合地下空间功能系统开发建设的特点，提出规划区地下空间开发的分期建设引导。对地下空间开发利用规划实施政策提出建议。

A.2.2 规划应具备的深度

（1）系统掌握规划区地下空间开发利用的现状情况和发展条件。

（2）应以地下空间资源开发利用与保护的控制为重点，根据上位规划和片区控制性详细规划及片区功能结构确定地下空间的功能定位、空间布局与合理的开发边界。

(3) 应研究地下公共空间、分层功能、公共交通组织、连通与避让等各项要求，统筹各专项功能设施的总体规模、空间布局和竖向分层。

(4) 结合地下专项功能设施的开发建设特点，对规划区内开发地块的地下空间开发提出强制性和指导性的规划控制要求，作为地下空间资源开发利用与保护的规划管理及设计、建设的依据。

(5) 对规划区的地下空间综合开发建设模式与规划管理提出建议。

A. 2. 3 规划编制工作方案

整体工作方案一般可分为 4 个工作阶段分别明确各阶段工作内容、目标要求及成果样式等内容。整体工作任务方案如图 A-1 所示。

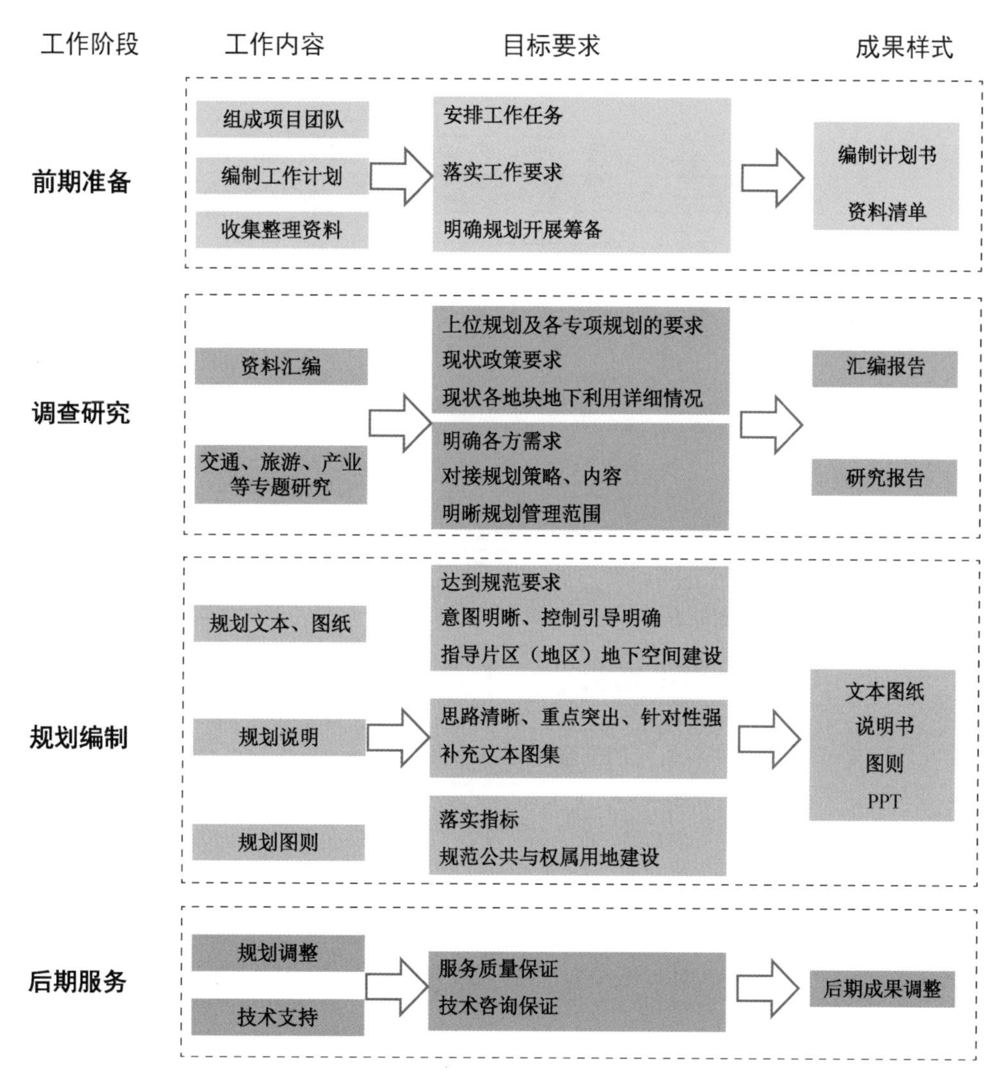

图 A-1 地下空间详细规划工作各阶段工作任务

A.2.4 技术路线和编制思路

技术方案如图 A-2 所示。

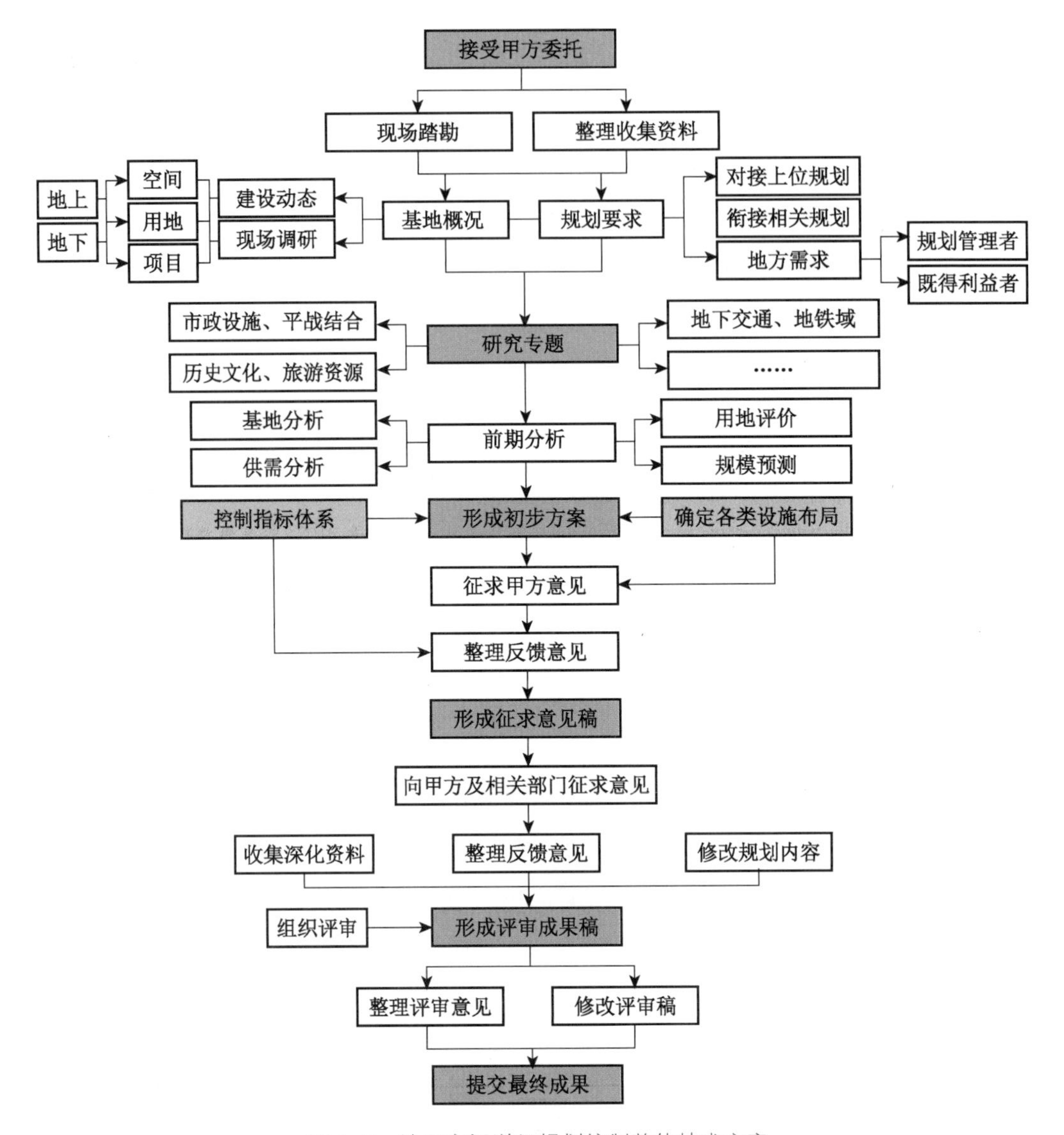

图 A-2 地下空间详细规划编制整体技术方案

具体思路可分为宏观层面与微观层面并进行规划研究(图 A-3)。

地下空间详细规划体系基本框架:

分两个阶段进行,即规划研究阶段与规划编制阶段,同时将规划与管理紧密结合,充分考虑管理需求和政策要求与详细规划方案的融合,达到规划管理的可操作性,保证项目的落地实施。

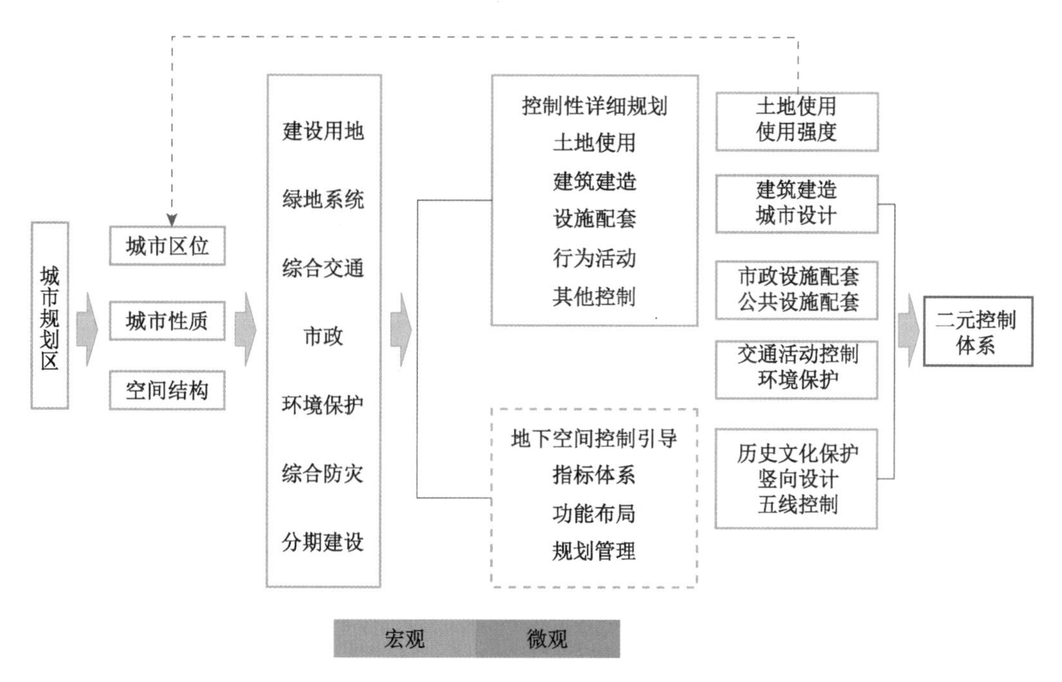

图 A-3　地下空间详细规划编制思路

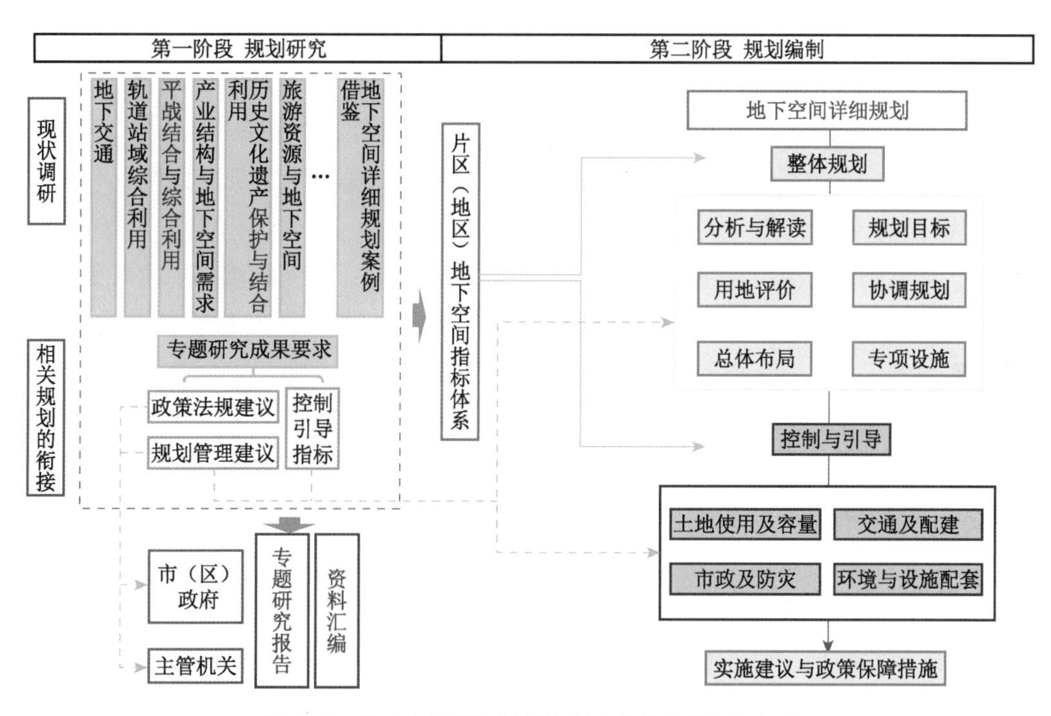

图 A-4　地下空间详细规划编制方案技术思路框架图

A.2.5 成果样式及内容

1）成果样式

从2016年起，大多城市都开始城市总体规划的修编或修订工作，相关控制性详细规划已随总体规划调整相应的修改。

地下空间详细规划的编制工作主要目标是推动片区（地区）地下空间综合开发利用的规划管理，深化与落实控制性详细规划所提出的规划要求，统筹与保障公益性、盈利性项目的实施。

主要任务是对用地和空间的控制引导，便于用地的管理和项目的实施，比地下空间总体（专项）规划更重视与相关规划的衔接，与现状用地的地上地下的衔接并保障实施等，因此，此类规划的成果样式主要形成以下几种形式：

样式一：详细规划＋设计指引＋资料汇编；

样式二：专题研究＋详细规划＋标志节点设计。

2）成果内容

① 总则：城市地下空间规划管理的法定性文件，凡在片区内进行的地下空间规划及建设活动，均应遵照总则执行。

② 执行细则：城市地下空间详细规划的技术图则，是具体管理操作的依据。

③ 规划附件：规划说明、专题研究报告等。

涉及或关系区域重大项目、战略设施、战备工程等内容均可进行地下空间专题研究。如地下交通发展、轨道站域、综合管廊、产业发展与地下空间需求影响、人防工程平战结合、历史文化遗产保护与地下空间资源结合利用、旅游发展与地下空间结合利用等方面都可进行专题研究。

④ 其他成果：资料汇编报告（如地下空间政策文件、地下空间详细规划的典型案例等汇编），多媒体如视频宣传片、效果图、模型。

■ 示例1：城市地下空间详细规划的工作要求——南京

1. 规划编制工作要求

（1）编制单位应开展细致的现状调查分析工作，充分了解本地区及周边用地、地下空间利用等现状情况，提高规划的科学可操作性。

（2）规划编制应落实上位规划及相关政策法规的要求，落实情况应书面说明，加强与各类规划的衔接，规划时应调查清楚地区内各类城市轨道交通、管线和规划分布。在进行人防与地下空间开发利用时应处理好与市政各类管线管位的平面及竖向关系。

（3）在规划编制过程中，应充分听取有关部门意见并与规划部门沟通。规划初步成果应组织专家评审并进行社会公示。

（4）当规划编制完成后，全套规划成果报规划局审查、报批。经批复的最终成果应及时归档。

2. 成果形式和归档要求

规划成果内容包括文本、附图、附件（说明及基础资料）。具体成果形式和归档要求按照《南京市地下空间规划编制要求（征求意见稿）》和《南京市规划局控制性详细规划验收、归档、建库操作规程》（宁规字〈2011〉351号）执行。

资料来源：《湖南路片区地下空间详细规划、迈皋桥片区地下空间详细规划编制项目公开招标文件》（0675-160JOC007250），2016。

A.3 编制概要

A.3.1 背景分析与问题研究

中国城市发展方式由外延扩张式向内涵提升式转变，合理开发利用城市地下空间，优化城市空间结构和管理格局势在必行。

许多城市已经开展了实践工作：已编或在编城市地下空间总体（专项）规划，为城市地下空间开发利用指明了发展方向，勾勒出“地下空间与城市整体同步发展，建设宜居城市，提高城市综合承载能力”的城市愿景。

在城市地下空间总体（专项）规划的指导下，为了实现城市建成区挖潜土地价值、优化步行环境、缓解交通拥堵，城市新区、中心地区打造集商业商贸、旅游服务、文化休闲等功能的地上地下一体化、联网成片的功能区域，仍缺少规划控制和管理环节。具体表现为：

1）缺少规划控制引导，整体性、公益性项目难落实

目前地面详细规划中缺失地下空间控制引导内容，或规划指标缺乏操作性，公益性、整体性项目的地下空间出让条件无规划可依，难以协调地下空间的连通和网络化建设的实现，为今后城市发展留下诸多遗憾。

2）缺乏前瞻指导和预控措施，造成地下资源浪费和制约

从近年来若干地下空间重大项目建设来看，地下空间缺乏前瞻性规划引领和对战略性资源的预控措施，导致轨道交通、综合管廊等重大项目或重点工程开发建设的时机成熟时面临无资源可用的难题。而城市地下空间资源的开发利用可以为诸多城市病和城市发展问题提供一个永续发展的机遇和途径。

3）缺乏有效的管理机制，地下空间发展阶段停滞不前

虽然大多城市已有地下空间专项规划指导，但体制管理仍不健全，地上地下一体化考量与区域统筹布局的规划指导缺失，导致地下空间发展停留在分散布局、缺乏连通、公共性整体性较弱的地下空间发展初级阶段。

A. 3. 2 规划编制内容

从规划编制工作流程上看，可以归纳为三个阶段、四个部分，在规划编制的各阶段中，规划的四个部分内容深度要求也有所差异，具体内容要素如图 A-5 所示。其中城

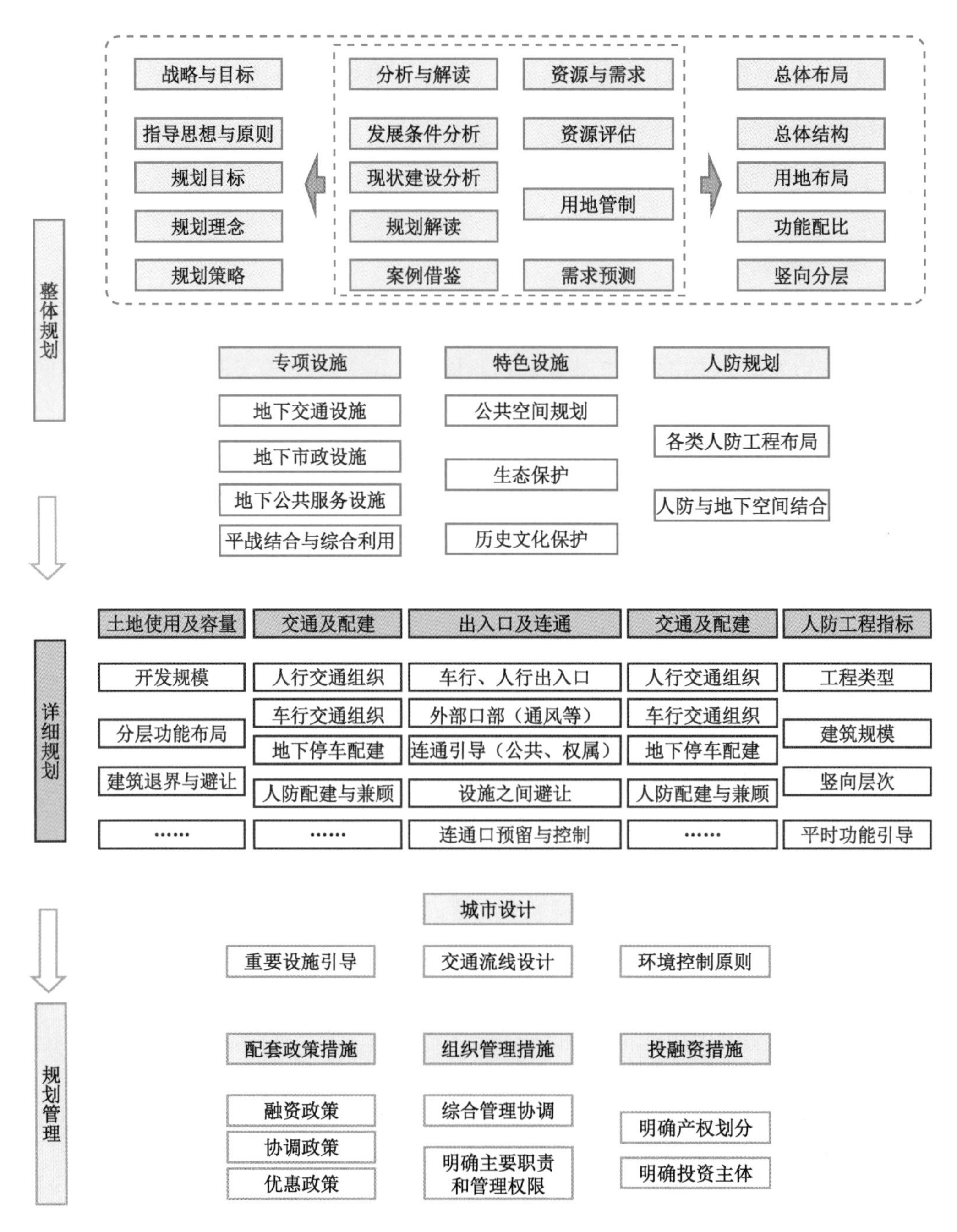

图 A-5　地下空间详细规划体系技术框架图

市设计部分非地下空间详细规划的强制性编制内容，从业人员可根据城市和规划编制要求，酌情取舍。

1. 现状分析

以调研材料为依据，理清现状的存量用地，对规划区进行城市更新的用地提出地下空间的开发利用指标，提升规划区综合效益。

1）现状调研

分析场地用地条件、地上地下建设动态。其中地下空间现状分析的指标要素包括地下空间的规模、功能、竖向、地下连通道形态与分布、地下空间与轨道交通的联系等。同时还应针对地下空间覆盖率、连通率、供需平衡度等综合利用指标，检讨停车供给不足、大规模开发利用率低的现状使用和规划或管理问题。

2）规划成果要求

基本图纸应包括：地下空间现状功能分布图、地下空间现状竖向分布图、现状地下空间连通道分布、现状保留建设项目分布图等。

■ 示例 2：地下空间现状分析（图 A-6）

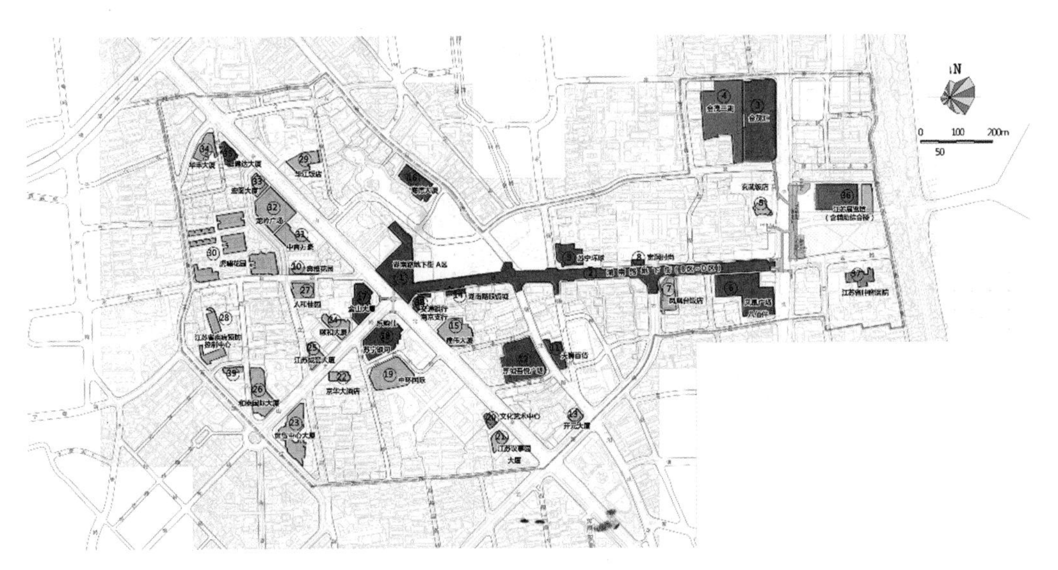

图 A-6　南京湖南路片区现状地下空间功能布局图

资料来源：《南京湖南路片区地下空间详细规划》（南京慧龙城市规划设计有限公司，2016）

2. 地下空间总体结构与空间布局

结合地面空间结构、功能布局、轨道交通分布等因素，确定地下空间发展布局形态，地下空间适建范围及用地规模，开发规模、分层功能；划定地下空间公共与权属用地布局。

1）总体结构

地下空间总体结构主要结合公共活动中心，以轨道交通站点和地下街为核心，串联单体建筑地下空间，形成点、线、面结合的地下空间网络。

■ 示例 3：地下空间总体结构（图 A-7）

图 A-7　大连小窑湾国际商务区核心区地下空间结构图

资料来源：《大连小窑湾国际商务中心核心区地下空间控制性详细规划》（解放军理工大学国防工程学院地下空间研究中心，南京慧龙城市规划设计有限公司，2013）

2) 总体布局

(1) 平面布局。参照地下空间总体规划、地面控制性详细规划，综合考虑地区(城市功能区)空间布局、公共设施中心体系、地下空间现状等因素，为城市地下空间建设和管理提供规划依据。

■ 示例 4:地下空间用地平面布局图(图 A-8)

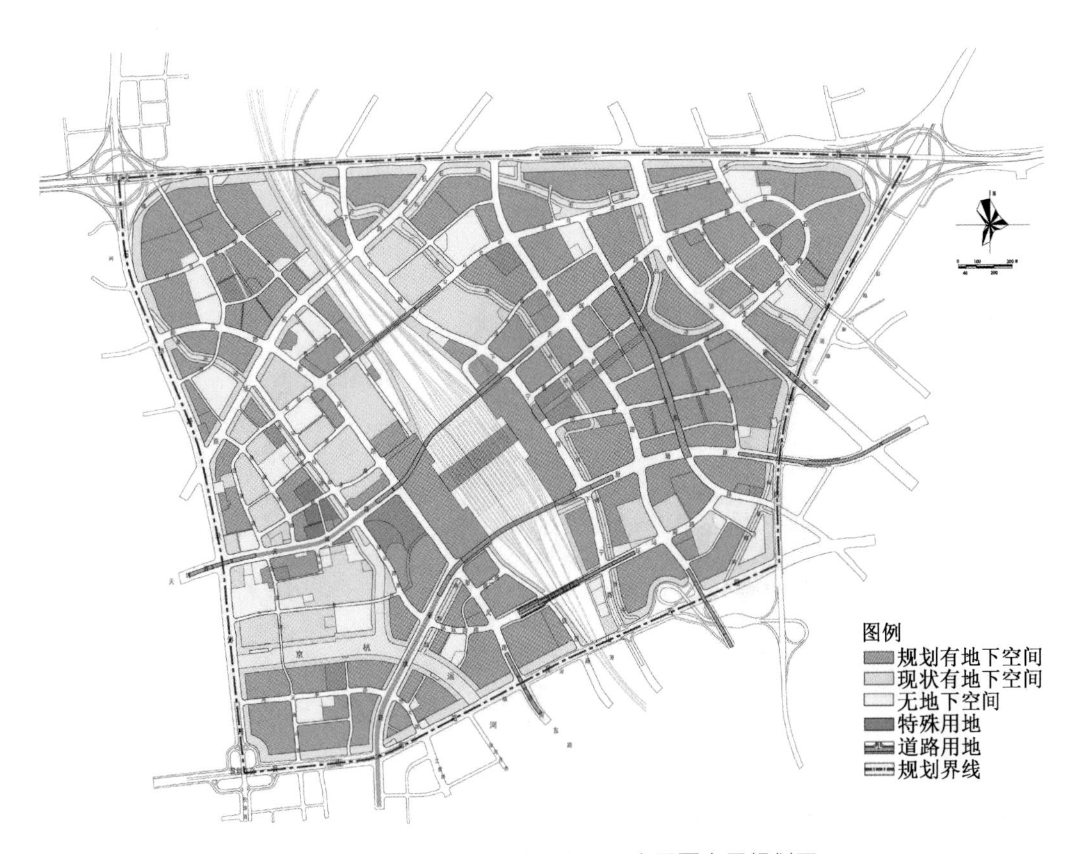

图 A-8 杭州城东新城地下空间开发平面布局规划图

资料来源:《杭州城东新城地下空间控制性详细规划》(解放军理工大学工程兵工程学院地下空间研究中心，南京慧龙城市规划设计有限公司，2010)

(2) 分层功能布局。明确地下空间各层开发的主导功能以及各地下功能空间的分布，包括:地下交通、地下商业、地下文化娱乐、地下办公、地下市政等规划要素。

■ 示例5:地下空间分层功能规划(图A-9)

图A-9　嘉兴老城区地下1层功能布局规划图

资料来源:《嘉兴老城区地下空间控制性详细规划》(南京慧龙城市规划设计有限公司,解放军理工大学工程兵工程学院地下空间研究中心,2009)

(3) 竖向控制。在城市地下空间总体(专项)规划基础上,依据地面控制性详细规划各地块指标,结合地下空间的需求程度,明确规划区内地块地下空间开发层数、开发深度的上下限指标等。

■ 示例 6:地下空间竖向规划引导(图 A-10)

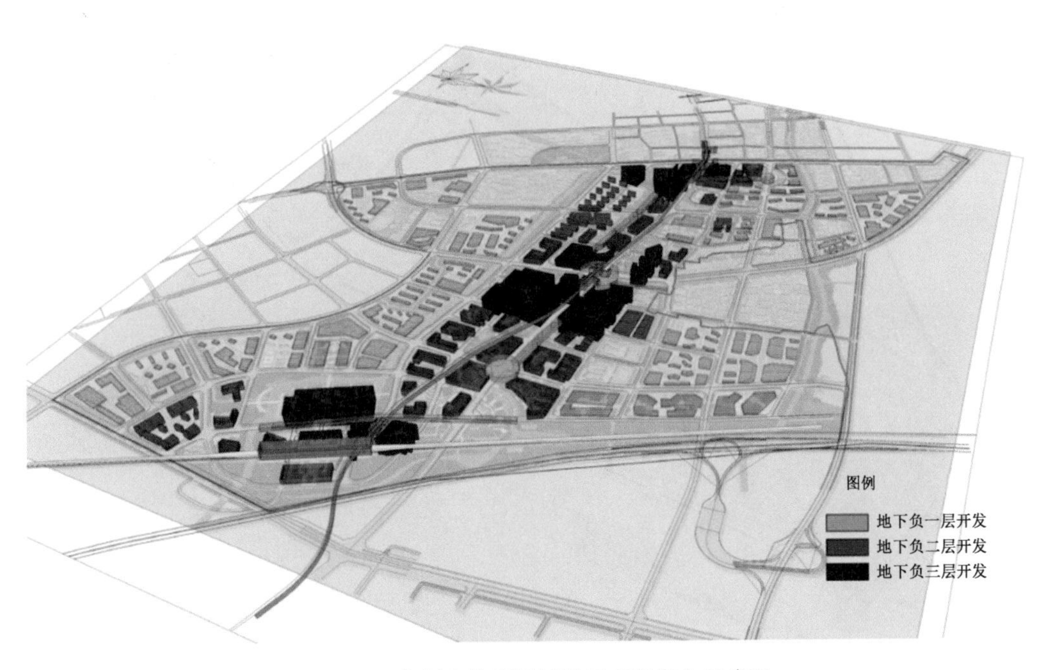

图 A-10 杭州市临平新城地下空间竖向开发图

资料来源:《杭州市临平新城核心区地下空间控制性详细规划》(解放军理工大学工程兵工程学院地下空间研究中心,南京慧龙城市规划设计有限公司,2010)

(4) 公共与权属地块地下空间开发控制。

■ 示例 7:公共地块地下空间开发功能引导(图 A-11)

3. 地下空间协调保护与利用规划

1) 产业发展与地下空间利用规划

根据规划区产业不同主体定位,分析其对地下空间布局、规模、交通及配套体系方面的影响,落实到地下空间详细规划中的布局、主导功能等。

图 A-11　南京大校场单元机场次单元地下空间权属布局规划图

资料来源:《南京大校场单元机场次单元地下空间规划》(解放军理工大学国防工程学院地下空间研究中心,南京慧龙城市规划设计有限公司,2015)

■ 示例 8:产业集群对地下空间的要求——海宁市场区

(1) 主体与核心市场对地下空间的要求:地上地下空间相互补充完善,地下空间集约化、高强度开发,功能复合性强。

(2) 产业链延伸市场对地下空间的要求:地下空间共享化开发,突出配送运输功能,以地下交通功能为主导。

(3) 市场网络拓展对地下空间要求:地下空间以满足停车需求为主导。

资料来源:《海宁市场区块地下空间控制性详细规划》(解放军理工大学国防工程学院地下空间研究中心、南京慧龙城市规划设计有限公司、海宁市规划设计研究院,2015)。

2) 平战结合与防空防灾规划

(1) 明确城市地下空间开发与人防工程综合利用开发策略及规划要点,并通过分析重点平战结合工程开发类型及特点，进行重点平战结合工程规划。

（2）确定人民防空工程规模和布局要求，制订地下空间兼顾人民防空要求指标与措施。

（3）明确地下空间设施有关消防、抗震等防灾规划要求。

4. 地下空间专项设施规划

1）地下交通设施规划

（1）根据交通需求分析，确定地下交通设施、地下步行系统以及其他地下交通设施。

（2）确定公共停车数量、位置和总规模。

（3）制定地下配建停车泊位地下化指标。

■ 示例 9：地下车行系统规划引导（图 A-12）

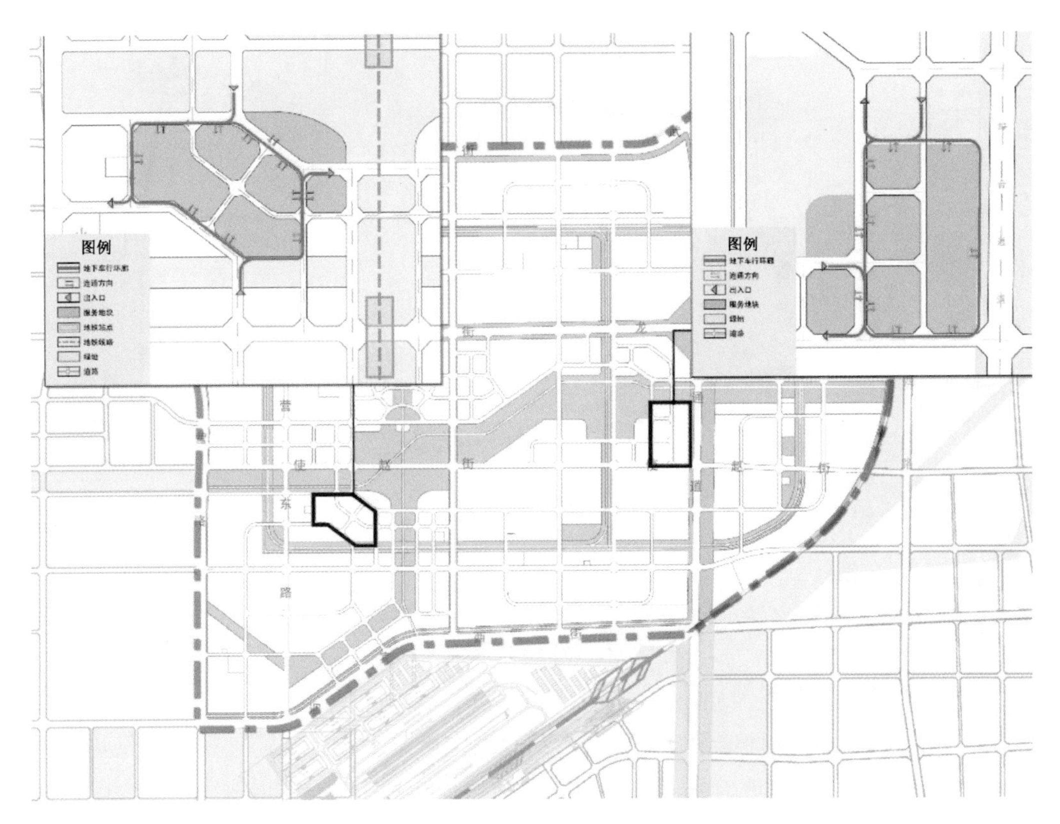

图 A-12　山西科技创新城核心区地下车行环廊规划图

资料来源：《山西科技创新城核心区地下空间利用规划》（解放军理工大学国防工程学院地下空间研究中心，太原市城市规划设计研究院，2015）

2）地下公共服务设施规划

确定各类公共服务设施开发规模，主导功能，竖向层次及连通要求。

■ 示例10:地下空间公共服务设施布局(图A-13)

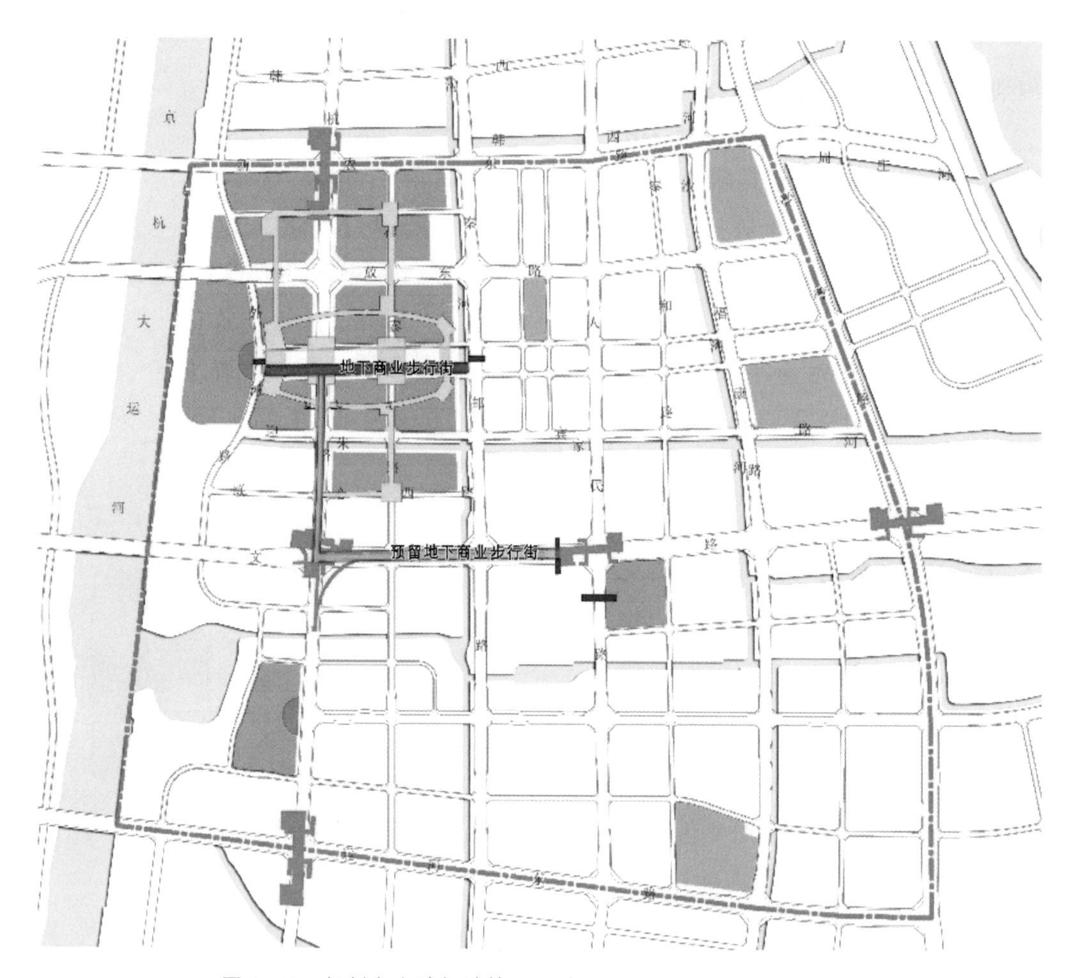

图A-13　扬州市广陵新城核心区地下公共服务设施规划布局图

资料来源:《扬州市广陵新城核心区地下空间控制性详细规划》(扬州市城市规划研究院有限责任公司、解放军理工大学国防工程学院地下空间研究中心,2014)

3) 地下市政设施规划

(1) 梳理地面控制性详细规划及各专项规划中给排水、电力、通信、燃气、供热等市政管线、综合管廊及场站的规划布局;明确规划新增的综合管廊和各类市政场站,以及规划期内扩容、改造或转移的各类市政场站。

(2) 根据城市片区(地区)发展需要,分析综合管廊的规划应与轨道交通、地下道路等城市重大基础设施的协调,在符合系统性、安全性等条件下,提出管廊规划布局形态、型制要求和收容管线类型等内容。

(3) 确定综合管廊管径和工程设施的用地界限,确定地下市政场站位置。

■ 示例 11:地下市政设施规划(图 A-14)

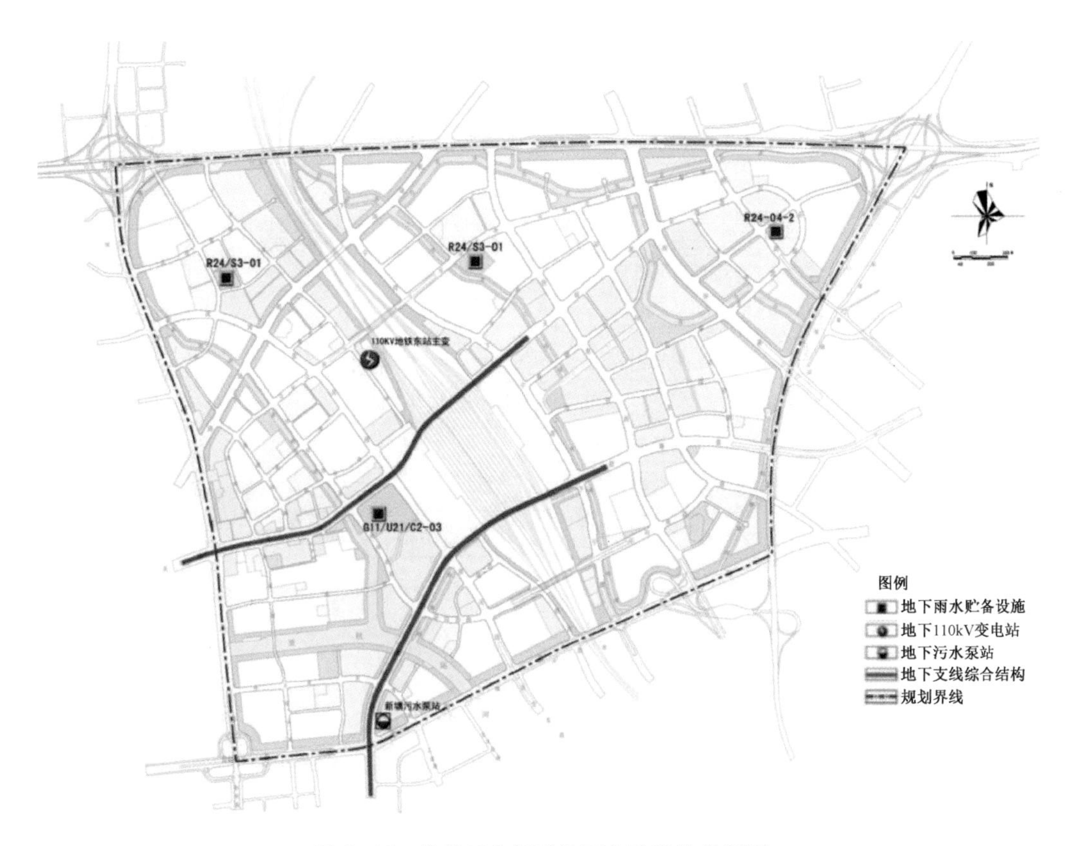

图 A-14　杭州城东新城地下市政设施规划图

资料来源:《杭州城东新城地下空间控制性详细规划》(解放军理工大学国防工程学院地下空间研究中心、南京慧龙城市规划设计有限公司,2010)

5. 地下空间控制引导通则

1) 控制引导技术路线思路(图 A-15)

2) 地下空间控制引导基本要求

控制引导要求与城市总体规划、控制性详细规划进行协调,对接规划管理相关要求。

明确不同类型用地地下空间开发规模、主导功能指标、地下配建停车控制指标;用地出让、开发时应设置或确定地下空间外部连通、地下功能转换要求及人民防空要求等(图 A-16)。

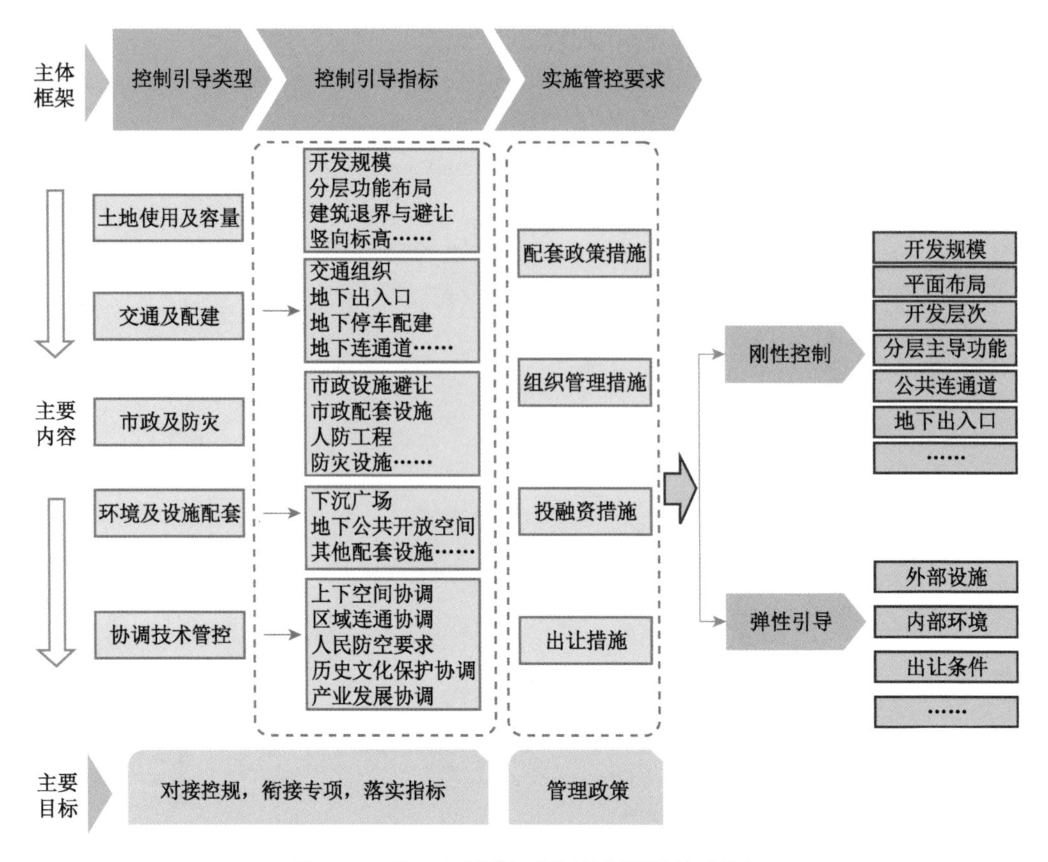

图 A-15　地下空间详细规划控制引导技术框架

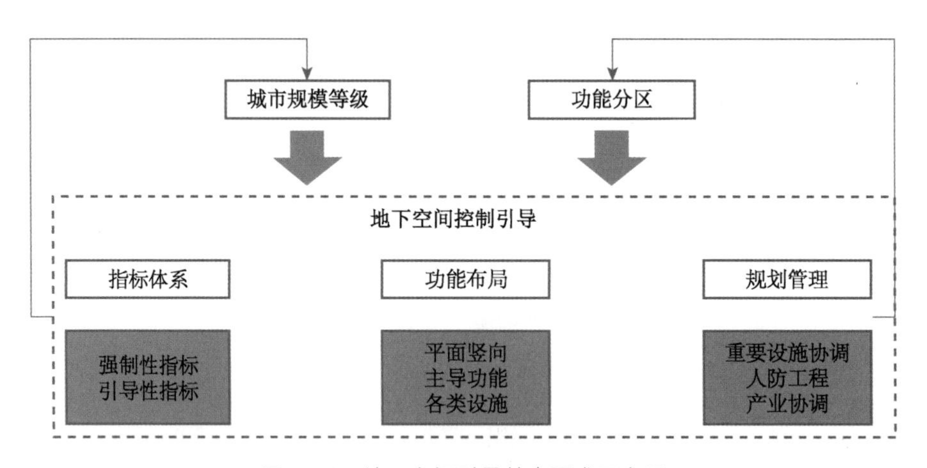

图 A-16　地下空间引导基本要求示意图

3）不同权属类型用地的地下空间控制引导

对公共型地下空间，以规定性控制为主；主要包括使用性质及开发容量、地下空间出入口、地下空间连接高差、地下空间层高及连通道净宽、地下空间连通与预留。

对非公共型地下空间，以指导性控制为主；开发容量及使用性质、非公共通道及出入口数量位置、地下空间出入口形式、环境设计引导等。

对非公共型与公共型地下空间之间的衔接，结合需求进行指导性控制。

4）开发规模

包括各个公共与权属用地的地下空间开发规模。

■ 示例 12：地下空间规模控制引导（图 A-17）

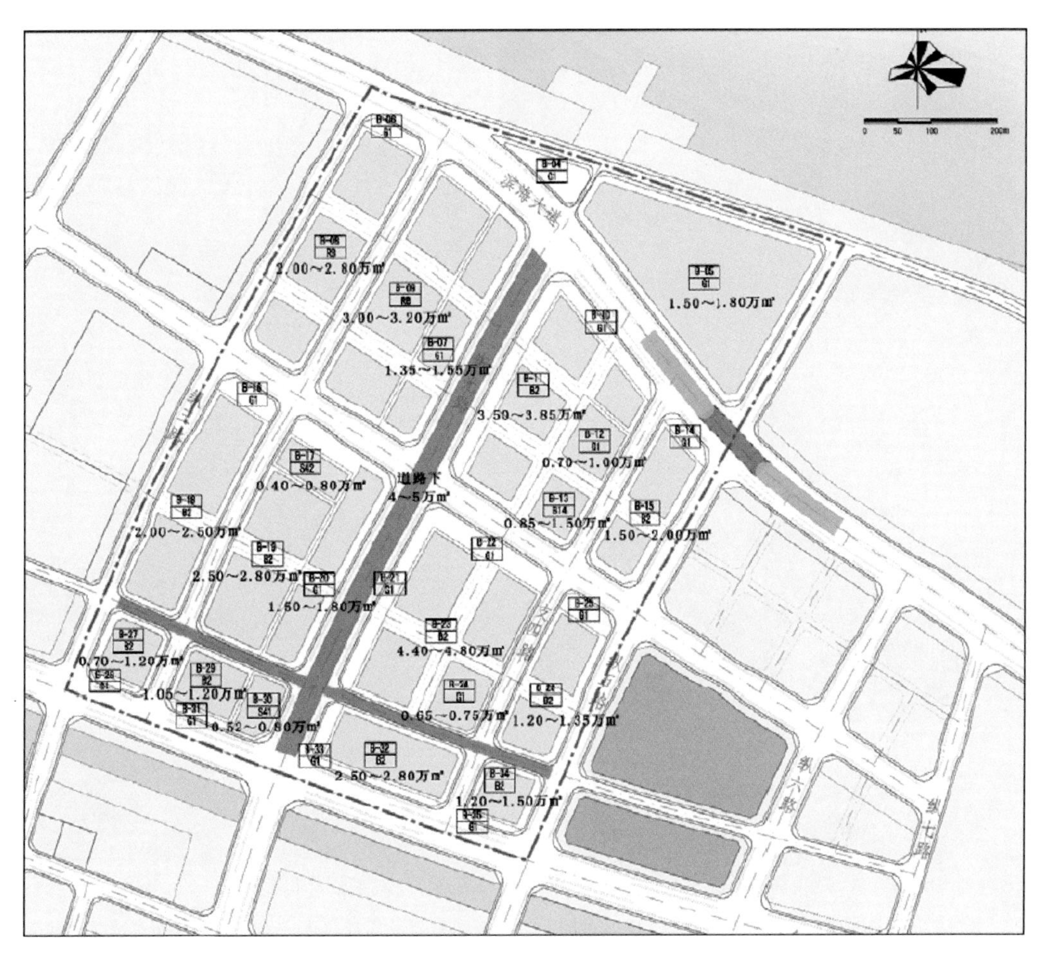

图 A-17　连云港市连云新城核心区地块地下空间开发规模控制图

资料来源：《连云新城商务中心区地下空间开发利用规划》（解放军理工大学国防工程学院地下空间研究中心，南京慧龙城市规划设计有限公司，2013）

5）开发强度

结合地上功能、开发强度和交通设施分布，参考同类城市（片区）的开发建设实例，明确各地块地下空间开发强度。

■ 示例13:地下空间开发强度控制引导(图A-18)

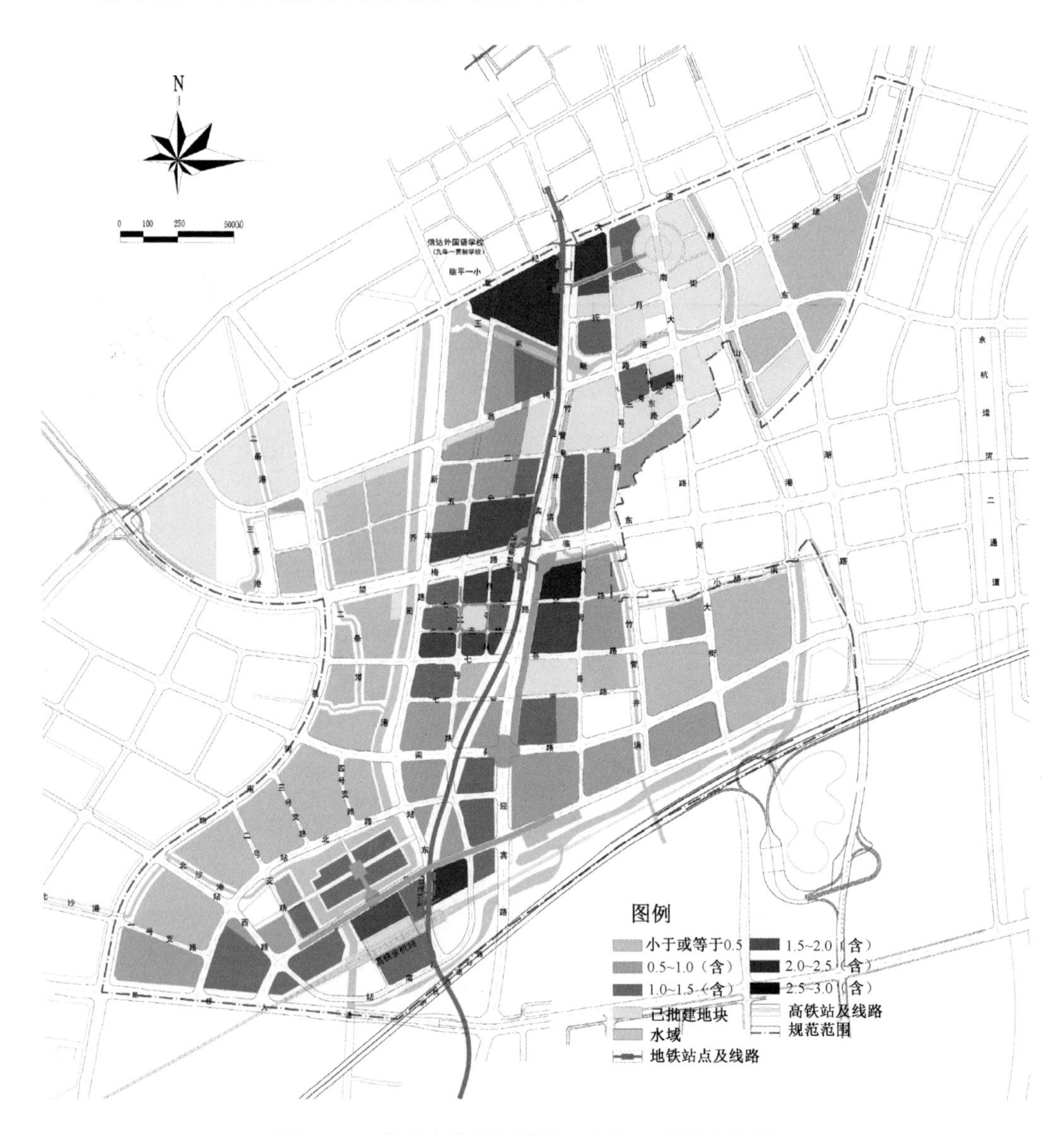

图A-18 杭州市临平新城地下空间开发强度规划图

资料来源:《杭州市临平新城核心区地下空间控制性详细规划》(解放军理工大学工程兵工程学院地下空间研究中心,南京慧龙城市规划设计有限公司,2010)

6)竖向管控

主要是对规划范围内的不同管控区地下空间竖向开发深度、开发层数等进行控制和引导。

7)地下建筑退界

提出各类地下设施与周边地块的退界要求。

■ 示例 14:地下空间地块建筑退界规划引导(图 A-19)

图 A-19 扬州市广陵新城核心区地下空间用地退界规划图

资料来源:《扬州市广陵新城核心区地下空间控制性详细规划》(扬州市城市规划研究院有限责任公司,解放军理工大学国防工程学院地下空间研究中心,2014)

8) 连通控制引导

明确规划区内地下空间连通要求:普通地下工程与人防工程连通要求、同一地块内的地下空间工程连通要求,提出地下空间在平面间距、竖向差异的连通要求及连通方式。

主要包括权属与公共连通引导、人防工程与普通地下空间连通、连通口预留与控制等仅在地下空间规划中要求的,或其他详细规划中不明确的指标。

9) 避让控制:根据避让的难易程度决定优先权

■ 示例 15:地下设施避让规划控制与引导(图 A-20)

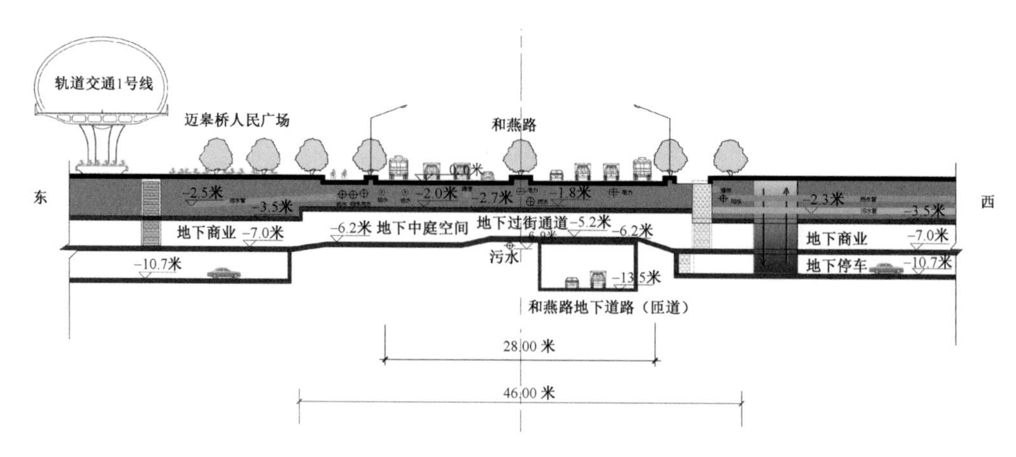

图 A-20　南京迈皋桥片区地下设施竖向避让示意图

资料来源：《南京迈皋桥片区地下空间详细规划》（南京慧龙城市规划设计有限公司，2016）

10）出入口控制引导

规定地下车行、人行交通设施直通地面出入口的位置、数量、方向、标高与宽度等。

■ 示例 16：地下空间出入口控制引导（图 A-21、图 A-22）

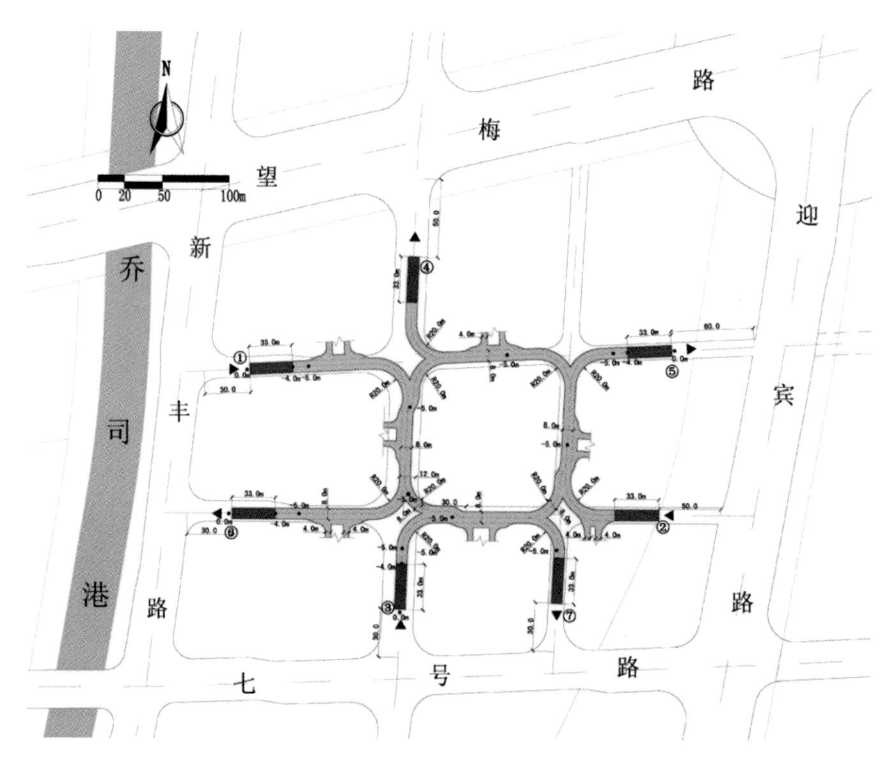

图 A-21　杭州临平新城核心区地下空间部分设施出入口控制引导图

资料来源：《杭州市临平新城核心区地下空间控制性详细规划》（解放军理工大学工程兵工程学院地下空间研究中心，南京慧龙城市规划设计有限公司，2010）

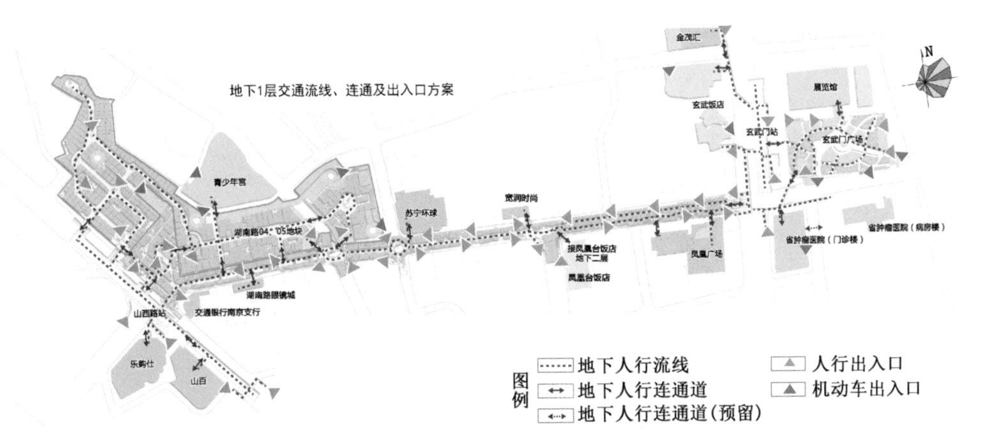

图 A-22 南京湖南路片区地下人行出入口及步行流线引导图

资料来源:《南京湖南路片区地下空间详细规划》(南京慧龙城市规划设计有限公司,2016)

11) 其他指标:兼顾人防要求分级管控

6. 重点地段地下空间控制引导

1) 可选取区域

(1) 轨道交通站点、重要交通枢纽及周边。

(2) 历史文化保护街区。

(3) 近期建设重点区域。

2) 轨道站域地下空间综合利用

地下空间开发将以轨道站域地下空间开发为核心,对地下车站和隧道两侧各 50 m 范围内为地下空间规划控制区。优化站域交通组织、统筹连通地下空间。

(1) 轨道站点周边用地地下空间功能控制。

(2) 轨道站域地下空间连通控制引导。

(3) 轨道站域地下空间出入口控制引导。

(4) 轨道站域地下空间资源预控要求。

■ 示例 17:轨道站域地下空间开发规划引导(图 A-23)

3) 历史文化保护与地下空间控制引导

(1) 明确不得进行地下空间开发的保护区域和范围,包括平面、竖向保护要求。

(2) 提出地下空间可开发用地的控制要求:规模控制、功能控制、深度控制和开发时序等。

■ 示例 18:历史文化保护与地下空间利用(图 A-24)

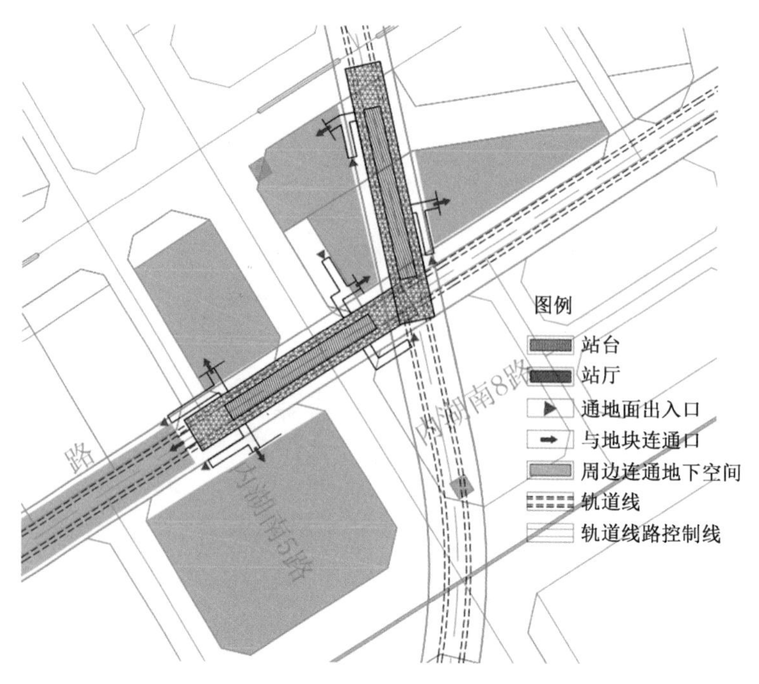

图 A-23　大连小窑湾商务核心区轨道站周边地下空间开发控制引导图

资料来源:《大连小窑湾国际商务中心核心区地下空间规划》(解放军理工大学国防工程学院地下空间研究中心,南京慧龙城市规划设计有限公司,2013)

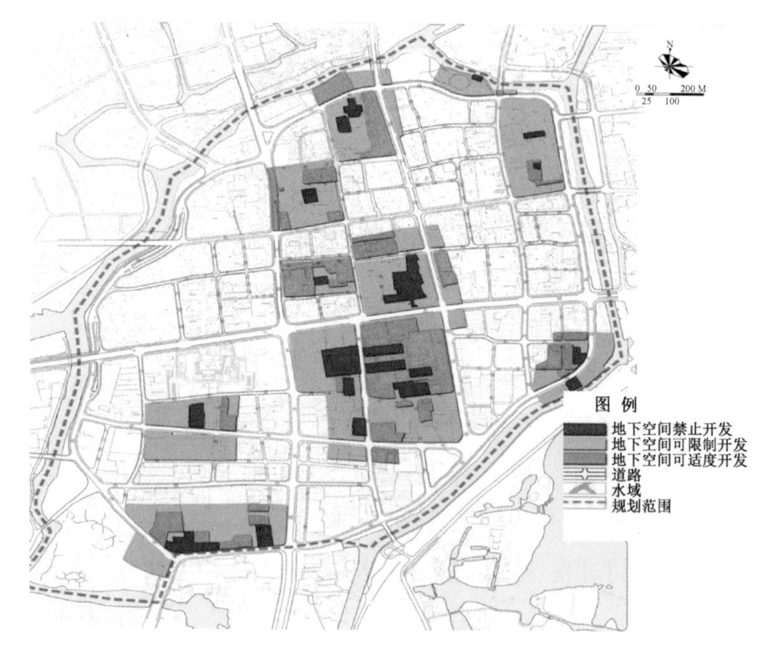

图 A-24　嘉兴老城区历史文化保护与地下空间利用控制引导图

资料来源:《嘉兴市老城区地下空间控制性详细规划》(解放军理工大学工程兵工程学院地下空间研究中心,南京慧龙城市规划设计有限公司,嘉兴市规划设计研究院有限公司,2010)

7. 指标体系

针对不同地块制定地下空间控制与引导指标体系，确定各地块开发规模、竖向分层、功能类型、建筑退界等控制指标；确定车行、人行交通出入口方位、地下附属设施设置、连通与避让等要求。地下空间控制指标体系，包括规定性指标和引导性指标内容（表 A-1）。

规定性指标：各地块地下空间主导功能、开发规模、开发层次、公共空间的出入口方位、停车配建指标、人防配建指标、地下空间兼顾人防要求、建筑退界范围等。

引导性指标：连通与避让、内部景观和外部附属设置要求、地下配套设施等。

表 A-1　分地块地下空间控制指标

<table>
<tr><th colspan="3">土地使用指标</th><th colspan="22">地下空间控制指标</th></tr>
<tr><th rowspan="2">地块编号</th><th rowspan="2">用地性质</th><th rowspan="2">用地代码</th><th rowspan="2">用地面积/hm²</th><th colspan="3">地下开发规模/m²</th><th rowspan="2">开发层数</th><th colspan="2">分层开发主导功能</th><th colspan="2">分层底标高/m</th><th colspan="2">地下机动车停车</th><th colspan="4">建筑退界</th><th colspan="2">人行途通道方向</th><th colspan="2">车行途通道方向</th><th rowspan="2">人行通道各方向途通宽度/m</th><th rowspan="2">车行通道各方向宽度/m</th><th rowspan="2">备注</th></tr>
<tr><th>地下停车</th><th>其他面积</th><th>合计</th><th>负一层</th><th>负二层</th><th>负一层</th><th>负二层</th><th>地下总泊位/个</th><th>地下化率/%</th><th>东</th><th>南</th><th>西</th><th>北</th><th>负一层</th><th>负二层</th><th>负一层</th><th>负二层</th></tr>
<tr><td></td><td></td><td></td><td></td><td></td><td></td><td></td><td></td><td></td><td></td><td></td><td></td><td></td><td></td><td></td><td></td><td></td><td></td><td></td><td></td><td></td><td></td><td></td><td></td><td></td></tr>
<tr><td></td><td></td><td></td><td></td><td></td><td></td><td></td><td></td><td></td><td></td><td></td><td></td><td></td><td></td><td></td><td></td><td></td><td></td><td></td><td></td><td></td><td></td><td></td><td></td><td></td></tr>
</table>

控制性详细规划图纸分为规划图和分图则；确定图则绘制规则。分图则绘制规则包括一般性技术通则和绘制规则。分图则范围、数量比例尺应与地面控制性详细规划分图则保持一致。

■ 示例 19：地下空间规划地块指标控制与技术细则（图 A-25）

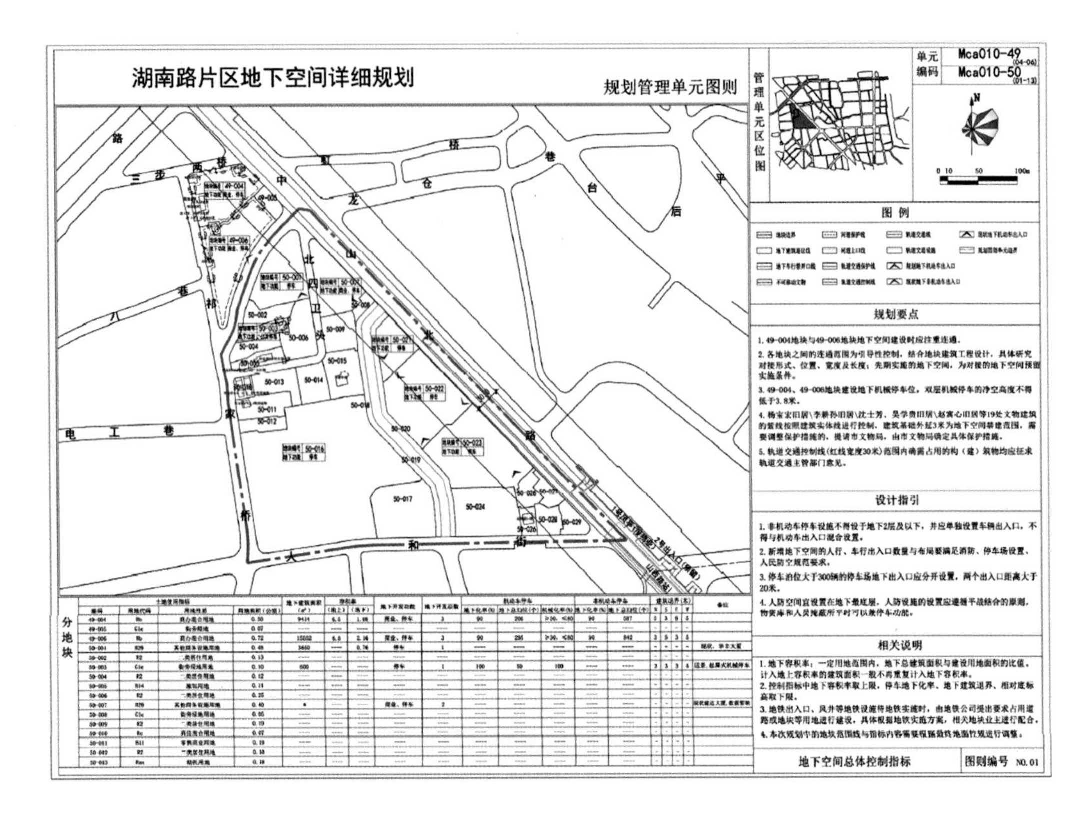

图 A-25　南京湖南路片区地下空间详细规划图则

资料来源:《南京湖南路片区地下空间详细规划》(南京慧龙城市规划设计有限公司,2016)

8. 重要地段地下空间设计引导

对规划区内部重要地段进行地下空间城市设计引导,内容包括外部形态、平面及竖向形态设计、建筑形式、交通流线设计、上下转换、出入口设计、连通与避让设计、内部景观设计和外部附属设施设置、人防和消防设计等。

1) 平面及竖向形态设计

■ 示例 20:重点地段地下空间主体项目竖向形态设计指引(图 A-26)

■ 示例 21:重点地段地下空间主体项目平面形态设计指引(图 A-27)

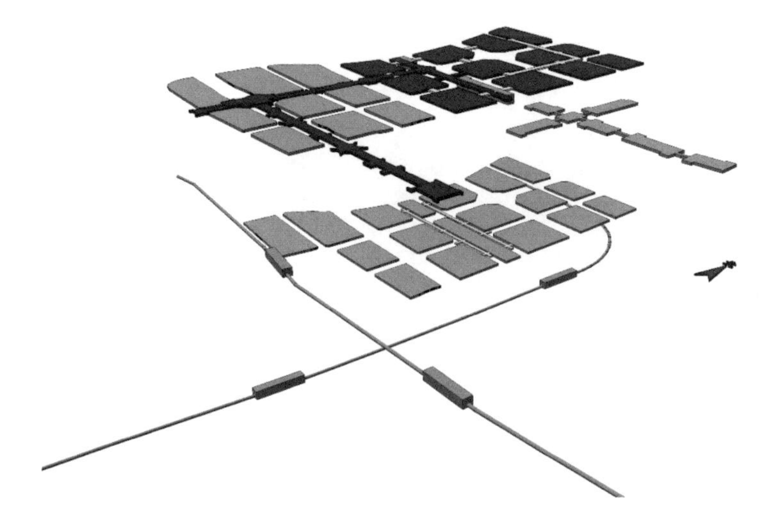

图 A-26　扬州市广陵新城核心区节点地下空间竖向设计图

资料来源:《扬州市广陵新城核心区地下空间控制性详细规划》(扬州市城市规划研究院有限责任公司、解放军理工大学国防工程学院地下空间研究中心,2014)

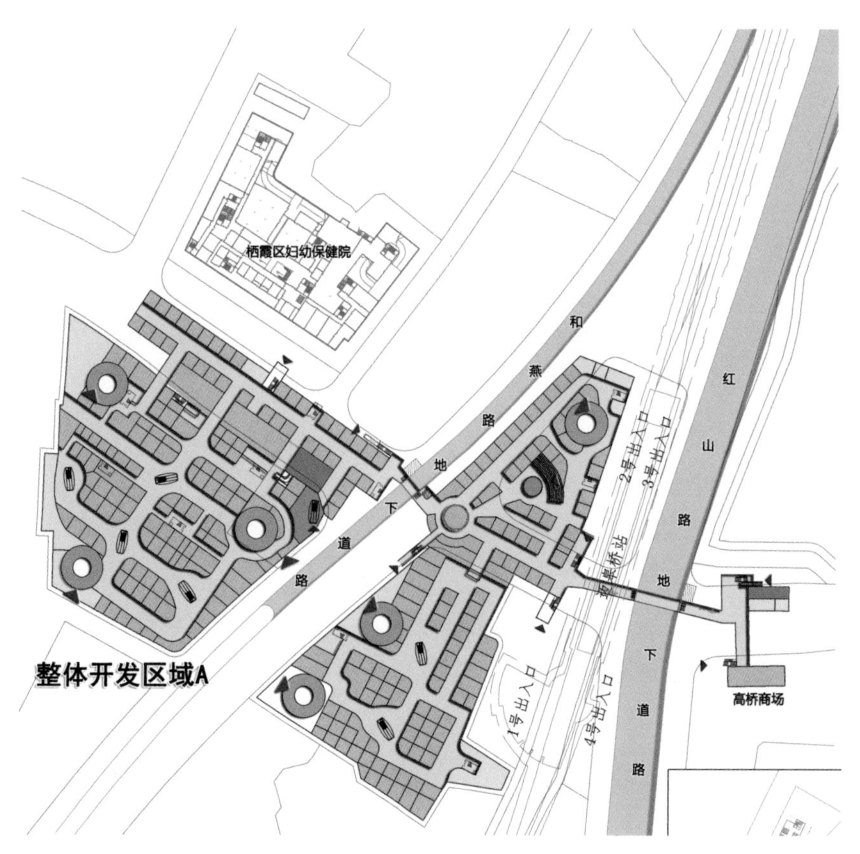

图 A-27　南京迈皋桥片区轨道站点及周边地下空间地下 1 层平面设计图

资料来源:《南京迈皋桥片区地下空间详细规划》(南京慧龙城市规划设计有限公司,2016)

2）地下公共活动空间设计

■ 示例 22：重点地段地下空间主体项目公共空间设计指引（图 A-28）

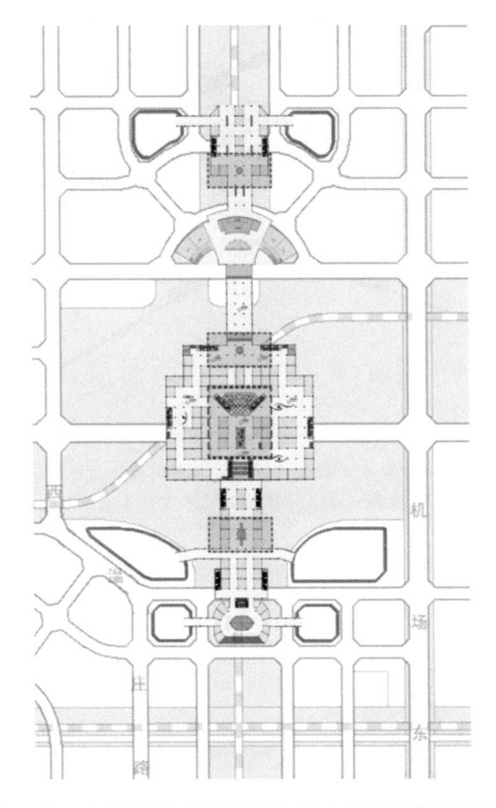

图 A-28　山西科技创新城核心区中庭空间设计示意图

资料来源：《山西科技创新城核心区地下空间利用规划》（解放军理工大学国防工程学院地下空间研究中心、太原市城市规划设计研究院，2015）

3）交通流线设计

动静态交通整合与引导。

■ 示例 23：重点地段地下空间主体项目地下交通流线设计指引（图 A-29）

4）内部设施设计

包括节点内部采光通风、景观绿化、配套设施设计，如无障碍设计。

■ 示例 24：重点地段地下空间主体项目地下内部设施设计指引（图 A-30）

9. 规划管理

1）政策要求

用地管理要求：制定有关地下空间和地下工程权利的界定、获取、转让、租赁、抵押、保护、登记等方面的政策规定。

配套政策措施有融资政策、协调政策、优惠政策。

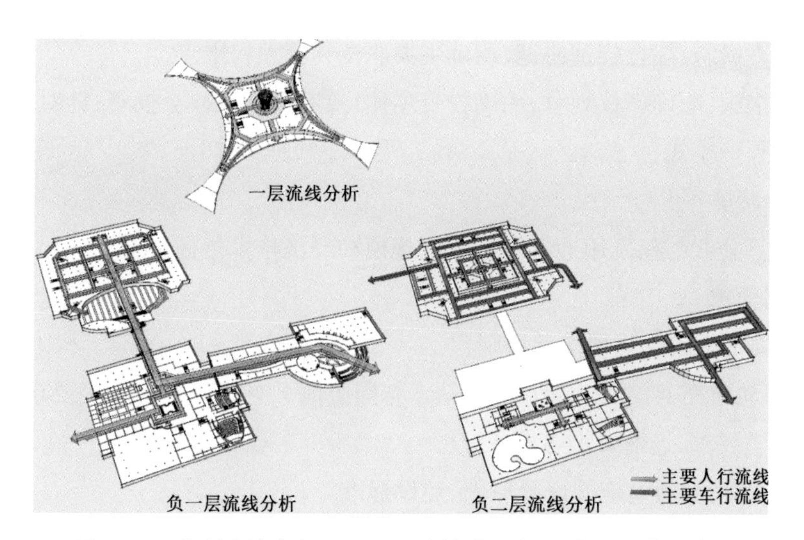

图 A-29 郑州市郑东新区 J2，J4 地块地下步行、车行流线设计图

资料来源：《郑东新区拓展区 J2，J4 地块公园及地下空间详细规划》（南京慧龙城市规划设计有限公司，2005）

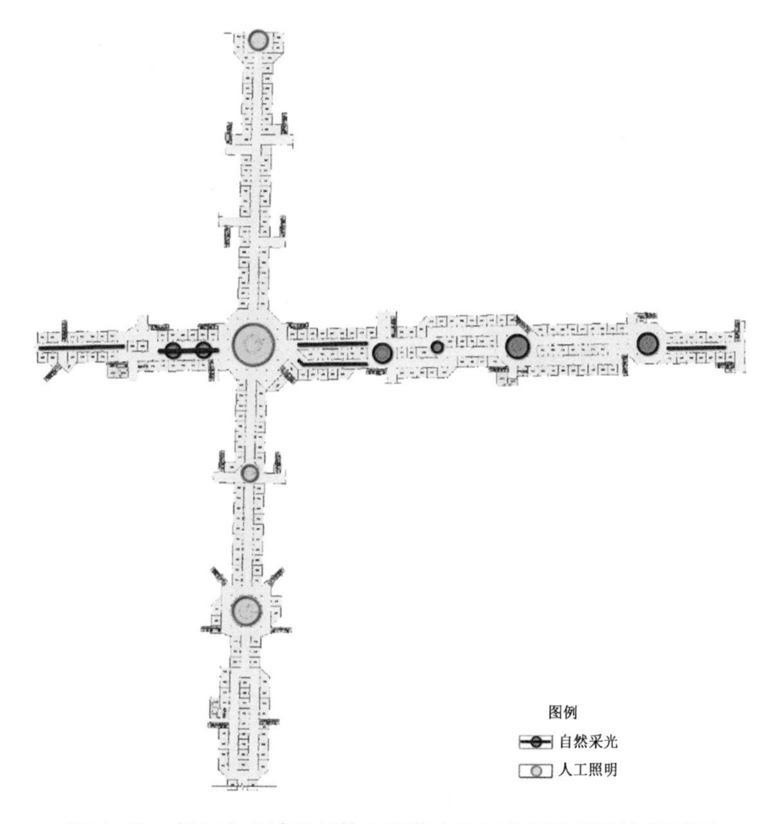

图 A-30 扬州市广陵新城核心区节点地下空间采光设计指引图

资料来源：《扬州市广陵新城核心区地下空间控制性详细规划》（扬州市城市规划研究院有限责任公司，解放军理工大学国防工程学院地下空间研究中心，2014）

组织管理措施:综合管理协调、明确主要职责和管理权限。

投融资措施:明确产权划分;明确投资主体:政府投资及社会投资;针对地下开发设施类型确定投资模式。

2)投资估算

分别估算公共与权属用地的地下空间规模和经济技术指标。

3)规划管理

(1)重要地下设施规划设计导则:

· 地下轨道交通设施:一般要求、站点与周边地下空间开发的衔接要求、轨道交通工程人防防空要求、连通要求等。

· 地下车行交通设施的设置原则、建设标准。

· 地下停车设施。

· 地下步行交通设施:地下人行过街通道建设区域、建设要求,地下人行连通道及人行出入口的要求等。

· 地下街的布置原则、建设要求、连通要求。

· 综合管廊:建设原则、管线收容、建设要求。

(2)人防工程规划设计导则:

· 人防工程控制体系:人防工程规划规模、防护街区(管理单元)规模。

· 区域防护规划:重要经济目标防护、疏散地域。

· 人防工程布局规划:人防工程总体布局、人防工程连通。

· 防空与防灾相结合。

(3)产业发展与地下空间利用协调

· 核心产业市场对地下空间的要求。

· 产业链延伸市场对地下空间的要求。

· 市场网络拓展对地下空间的要求。

A.3.3 规划成果章节及图纸要求示例

1. 规划文本目录示例

第一章　总则概述

第二章　规划定位

第三章　规划目标与规划规模

第四章　规划布局

第五章　地下空间管控通则

第六章　轨道站域及沿线地下空间管控

第七章　地下步行系统控制引导

第八章　地下车行系统控制引导

第九章　地下公共服务设施规划

第十章　地下空间与人防工程相结合规划

第十一章　地下空间城市设计引导

第十二章　实施与保障

2. 规划说明概要

第1章　项目背景

1.1　基地概况

1.2　地下空间开发必要性

1.3　规划期限、规划范围

1.4　规划依据

(主要图纸要求:区位分析……图)

第2章　现状建设条件

2.1　地面现状

2.2　地面开发动态

2.3　地下开发现状

2.4　未来地下空间开发要求

(主要图纸要求:现状地下空间分布图、功能分布图、竖向分布……城市用地条件评价……图)

第3章　规划构思

3.1　规划解读及实施评析

3.2　指导思想及规划原则

3.3　规划理念及规划策略

3.4　规划目标

第4章　地下空间规划方案

4.1　方案影响因素

4.2　规划结构

4.3　竖向层次

4.4　功能布局

(主要图纸要求:地下空间开发总体结构图、地下空间规划布局图、地下空间竖向层次规划图、地下空间分层功能图……)

第 5 章　地下空间规划规模

5.1　地下可供开发规模

5.2　地下空间规模预测

（主要图纸：地下空间用地浅层及次浅层可开发性评价图、地下空间规模分布图等）

第 6 章　总体规划布局

6.1　轨道站域地下空间综合利用

6.2　地下交通设施规划

6.3　地下公共服务设施规划

6.4　地下市政及物流仓储设施规划

6.5　防空防灾规划

（主要图纸要求：轨道站域地下空间综合利用规划图、地下动态交通规划设施、地下公共停车场规划图、地下综合体规划分布图、地下商业街规划分布图、其他公共服务设施规划分布图、地下综合管廊规划图、地下市政场站规划图、地下仓储设施规划分布图、重点平战结合工程规划图……）

第 7 章　地下空间控制与引导

7.1　控制引导要求

7.2　平面控制

7.3　竖向控制与引导

7.4　连通控制

7.5　规模控制

7.6　出入口控制引导

（主要图纸要求：开发规模控制图、人行出入口及连通控制图、车行出入口及连通控制图、交通流线组织图、兼顾人防要求控制图等……）

第 8 章　节点地下空间设计

8.1　设计要点

8.2　设计与引导

（主要图纸要求：节点设计平面图、节点剖面图、出入口及连通分析图、交通流线分析图、地下公共空间规划图、景观分析图……）

第 9 章　规划实施与建议

9.1　实施管理建议

9.2　经济技术指标

9.3　地下空间控制指标

9.4 技术保障

3. 规划图件

01—区位分析图

02—土地利用规划图

03—地下空间现状分布图(包括布局、功能、竖向等图)

04—地下空间平面布局规划图

05—地下空间竖向层次规划图

06—地下空间分局功能布局图

07—公共与权属用地规划布局图

08—控规单元划分图

09—轨道站域地下空间综合利用规划图

10—地下道路及人行过街通道设施规划图

11—地下停车设施规划图

12—地下公共服务设施规划图

13—地下市政及仓储物流设施规划图

14—平战结合重点工程规划图

15—地下空间开发规模控制图

16—地下空间平面控制图

17—地下空间连通及出入口控制引导图

4. 规划图则

图则应包含但不局限于以下内容。

1) 功能规模

提出规划区内匹配地上功能的地下空间的主要功能类型、规模预测、构成比例,促进地下空间与地上建设协调发展。

2) 空间布局

明确重点建设区内各类地下设施之间,及其与相邻地上地下项目之间的横向、竖向建设控制要求,保障各类项目有序建设。

3) 互联互通

提出重点建设区内各类城市地下设施的互联互通引导要求。

建设轨道交通的城市地下空间重点建设区,应明确重要公共、商业服务设施与轨道交通站点的连通要求,重点完善形成地下步行网络。有需要的城市,可细化提出连通通廊、出入口的位置引导要求。

4）强度控制

在做好区域交通影响、公共服务设施布局分析的基础上，根据停车配建政策，综合提出规划区内各类地下空间开发强度引导指标，可包括规划单元的地下空间整体开发强度（万 m^2/km^2）、毛容积率和各地块地下空间容积率等指标。

可根据城市实际需要，确定强度控制具体指标类别，也可增加地下空间城市设计方案等内容。在地下空间控制图则的基础上，增加附加图则，内容包括：地下重要设施平面控制图、人防设施控制图等。

A.3.4 规划常用基础资料要求示例

1）地下空间基础资料

（1）地下空间开发利用项目资料，包括位置、范围、建筑面积、功能、竖向层次、标高等。

（2）人民防空工程建设基础资料，包括工程总量、分布情况、使用功能等。

（3）已编制各层次地下空间及人防工程规划。

2）城市规划资料

（1）城市地下空间开发利用（专项）规划。

（2）规划区范围内的城市控制性详细规划。

（3）城市综合交通规划。

（4）轨道交通线网规划、轨道交通近期建设规划。

（5）综合管廊、市政、商业、公共服务设施、综合防灾、绿地系统、历史文化保护等城市各专项规划。

（6）城市规划管理技术规定、五线规定、配建停车、公共服务设施配套等规范性技术文件。

3）其他资料

（1）城市制定或颁布的有关地下空间方面的地方法规、政府规章、规范性文件等。

（2）城市电子地形图、影像图（最新）。

附录 B　2016 年地下空间国际大事记

1. 工程：西雅图巨型掘进机器贯通[1]

世界上最大的 TBM 掘进机[2]、西雅图的超级隧道机器贝莎(Bertha)最终掘进贯通，隧道总长度约 2.7 km(图 B-1)。

贝莎掘进机直径约 17 m，长 100 m(图 B-2)，于 2013 年 7 月开始入坑掘进，以建成双层隧道更换始建于 1953 年并受地震威胁的阿拉斯加高架公路(图 B-3)。重达 7 982 吨的掘进机被拆解为数百个约 20 吨的零件被回收或者再利用。

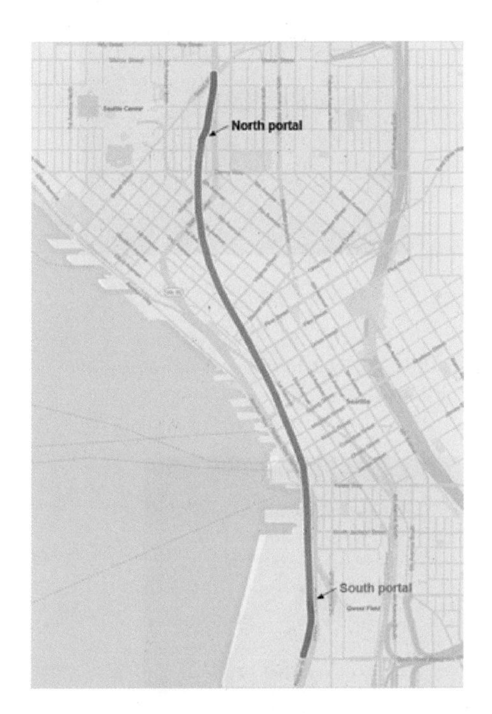

图 B-1　项目位置示意

(图片来源：http://www.seattletimes.com/seattle-news/transportation/sense-of-history-builds-as-tunnel-machine-bertha-inches-toward-daylight/)

图 B-2　贝莎掘进机

(图片来源：https://www.wired.com/2017/04/4-years-seattles-giant-tunneling-machine-finally-breaks/)

图 B-3　双层隧道示意图

(图片来源：https://www.flickr.com/photos/wsdot/4907983170/in/set-72157624760624786)

---

① https://www.wired.com/2017/04/4-years-seattles-giant-tunneling-machine-finally-breaks/.

② http://www.seattletimes.com/seattle-news/transportation/sense-of-history-builds-as-tunnel-machine-bertha-inches-toward-daylight/.

2. 构想:美国超级轨道项目全比例测试轨道首次展示[①]

超级轨道项目首先于2012年由特斯拉和SpaceX首席执行官Elon Musk提出,根据其构想,货物或乘客将乘坐交通仓通过近乎真空的管道,设计时速达到700 km/h。

首次展示的轨道共计500 m长,直径3.3 m,位于距离拉斯维加斯30分钟车程的内华达沙漠(图B-4、图B-5)。未来建成的轨道长达3 km,于2017年上半年开展首次全尺寸测试。此前项目组已在开放环境下对动力推进系统进行过一次测试。

超级轨道项目的首席执行官Rob Lloyd表示:"超级轨道比任何其他运输方式更快,更环保,更安全,更便宜。"[②]如图B-6所示。

图B-4　测试用装备

(图片来源:https://www.theverge.com/2017/10/3/16410342/hyperloop-one-missouri-route-feasibility-study)

图B-5　内华达州测试用轨道

(图片来源:https://arstechnica.com/cars/2017/03/hyperloop-one-shows-photos-of-its-test-track-being-built-in-nevada/)

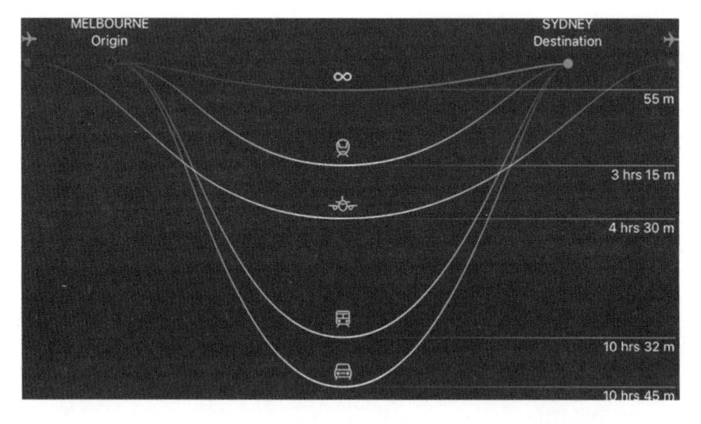

图B-6　不同交通方式用时比较

(图片来源:https://www.hyperloopwest.com/Route-Travel-Time-Comparison)

---

① https://arstechnica.com/cars/2017/03/hyperloop-one-shows-photos-of-its-test-track-being-built-in-nevada/.

② https://hyperloop-one.com/#our-story.

超级轨道1号与迪拜道路和运输管理局签署了一项协议，以评估在迪拜与阿布扎比之间建立一个超级轨道，若最终建成，则可将两地之间的交通时间从数小时缩短到12分钟。

3. 改造：列·阿莱广场改建工程即将完工①

著名的列·阿莱广场改建项目已完成主体建筑工程，目前剩余部分入口交接、地面道路、绿化等工作，预计将于2018年完工（图B-7）。

（图片来源：https://www.culture.gouv.fr/Regions/Drac-Ile-de-France/Actualites/Actualites-en-images/2e-edition-du-Mois-de-l-Architecture-en-Ile-de-France）

（图片来源：https://www.france.fr/en/paris/article/canopy-lights-forum-halles-paris）

图B-7　列·阿莱广场示意图

建筑师将列阿莱的地面建筑称为"Canopée"，即"华盖"。其羽叶般的肌理和篷盖状的形态是应对多方需求与限制的产物：屋顶的羽叶可以满足自然通风换热，巨大的篷盖覆盖了整个下沉广场，还可以收集雨水供公园灌溉，建筑的最高点高度仅为14.5 m，从视觉上大大减轻了庞大体量对相邻建筑的压力。新建筑内提供了6 300 m^2的零售店铺、2 600 m^2的音乐学院、1 400 m^2的嘻哈中心、一个1 050 m^2的图书馆、1 000 m^2的业余工作室和200 m^2的的文化亭。重建的中央大厅将为巴黎地区的旅客提供更舒适便捷的出行服务，而改建后的广场则提供了更多绿化空间和休憩场所。

4. 更新：纽约地下城市低线公园实验室关闭②

低线公园项目最早于2015年10月提出，是将一个废弃的无轨电车隧道改造成为地下绿地公园。低线公园项目于2016年8月被纽约市批准，总占地面积约3 700 m^2，

① https://theurbandeveloper.com/articles/les-halles-the-central-market-to-modernise-the-french-metropolis.

② https://www.energymanagertoday.com/lowline-new-yorks-futuristic-underground-park-tests-led-grow-lights-solar-plants-shrubs-0167633/.

原计划2021年正式开放(图B-8)。

(图片来源:https://www.nytimes.com/2016/10/08/nyregion/move-over-rats-new-york-is-planning-an-underground-park.html)

(图片来源:https://ny.curbed.com/2017/1/30/14439070/lower-east-side-lowline-nyc-park)

图B-8 低线公园实验室实景

公园中应用了一系列技术在低线公园实验室组织实施。目前公园的LED照明和太阳光引入装置正在测试中。一方面通过漏斗式太阳能装置利用自然阳光,将太阳光束放大并引导到地下场所中;另一方面通过与罗德岛西华威克州的照明科学研究所合作开发基于专利光谱的LED照明系统,以获取最有利的植物生长照明和最佳能耗(图B-9)。

(图片来源:https://www.dailymail.co.uk/news/article-3274458/First-look-Inside-Lowline-Creators-New-York-City-s-planned-70M-underground-oasis-open-exhibit-showcasing-exotic-plants-solar-technology-used-grow-them.html)

(图片来源:http://thelowline.org/lab/)

(图片来源:http://thelowline.org/lab/)

(图片来源:http://thelowline.org/lab/)

图B-9 照明及采光装置

低线公园实验室引发了关于世界各地废弃城市空间再利用的探讨。通过研究如何为地下生态系统创造可持续发展的环境，低线公园正在为城市居民提供四季公共空间的新解决方案。

2017 年 2 月，因该项目用地所属的下东区城市更新项目埃塞克斯大道需要[①]，低线公园被迫关闭，并计划基于现有经验和技术在附近迁址重建。从长远视角来看，该公园已成为城市地下空间宜居实验的先行者。

① https://www.dnainfo.com/new-york/20170127/lower-east-side/lowline-lab-closure-underground-park-trolley-terminal-essex-crossing.

附录C　2016年基础材料汇编

1. 样本城市城市经济、交通与地下空间发展评价

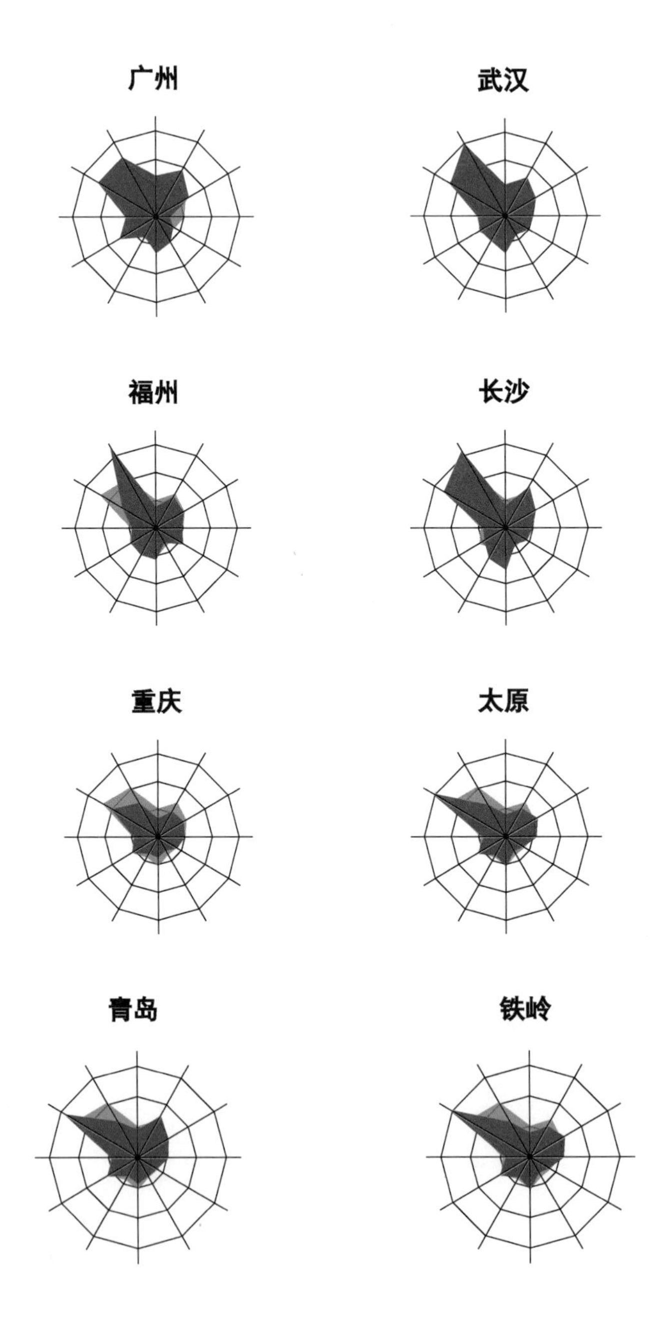

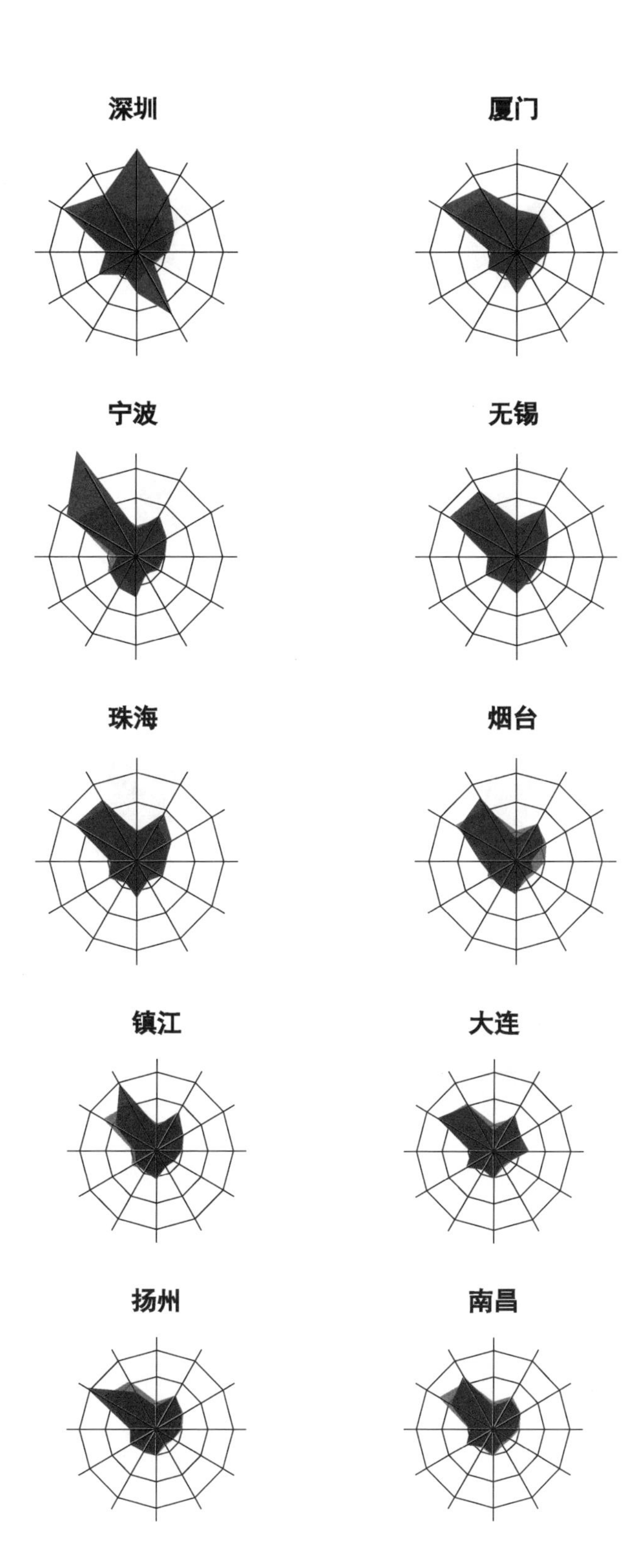
深圳
厦门
宁波
无锡
珠海
烟台
镇江
大连
扬州
南昌

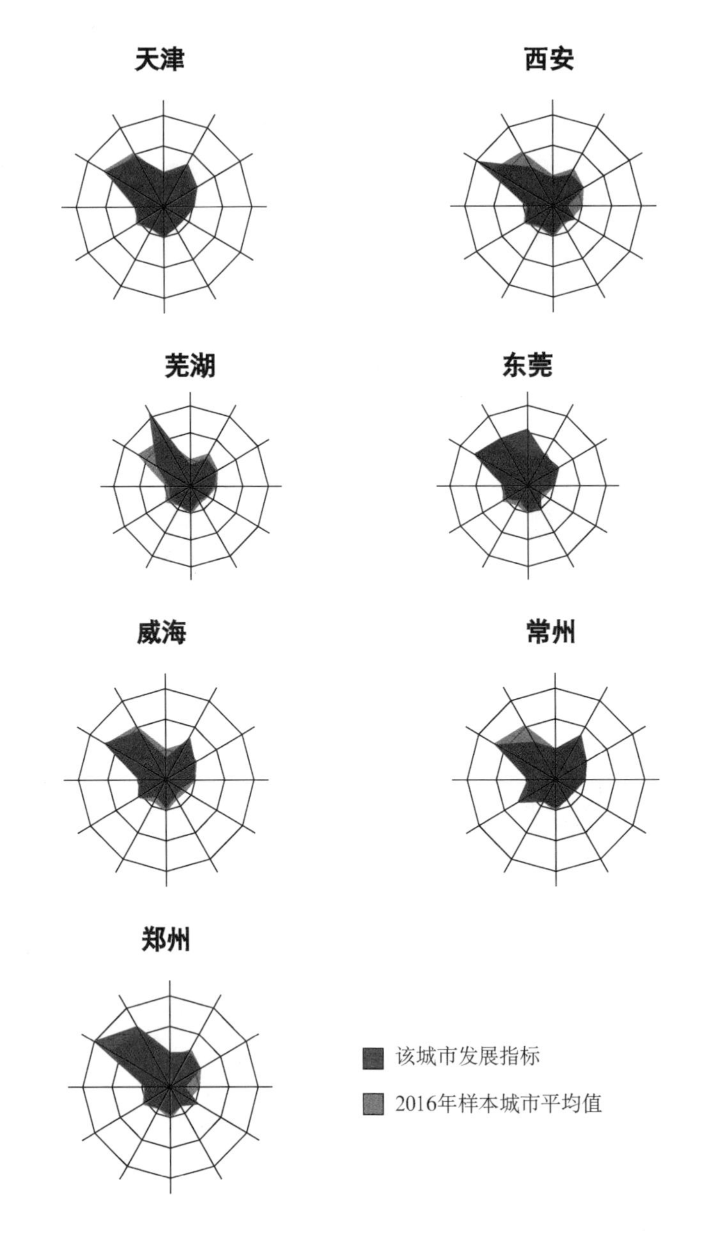

2. 地下空间智库建设

(1) 地下空间理论与规划设计研究方向

学者	成果数量/篇	被引数量/次	H指数/质量	单位	专业
陈志龙	122	868	15	中国人民解放军陆军工程大学（原解放军理工大学）	城市规划与设计

续表

学者	成果数量/篇	被引数量/次	H指数/质量	单位	专业
束昱	101	915	15	同济大学	城市规划与设计
朱可善	58	793	13	重庆大学	岩土工程
曾宪明	92	1 188	14	总参工程兵科研三所	岩土工程
童林旭	37	874	14	清华大学	城市规划与设计
彭芳乐	137	1 005	13	同济大学	城市规划与设计
朱颖心	219	2 770	25	清华大学	建筑技术科学
何清华	85	1 294	14	同济大学	系统科学
李晓军	104	1 016	14	同济大学	桥梁与隧道工程
许宏发	89	950	14	中国人民解放军陆军工程大学（原解放军理工大学）	岩土工程
周健	489	7 208	37	同济大学	岩土工程
卢济威	75	1 521	18	同济大学	城市规划与设计/建筑历史与理论
刘伟庆	476	3 580	25	南京工业大学	结构工程
金磊	1 115	2 725	18	北京市建筑设计研究院	城市规划与设计

（2）地下工程建设实施方向

学者	成果数量/篇	被引数量/次	H指数/质量	单位	专业
黄宏伟	307	6 178	37	同济大学	桥梁与隧道工程
赵锡宏	140	2 711	27	同济大学	岩土工程/结构工程
龙惟定	393	5 809	33	同济大学	建筑技术科学
李术才	699	9 227	35	山东大学	桥梁与隧道工程
朱合华	524	9 892	41	同济大学	桥梁与隧道工程
白世伟	193	5 312	36	中国科学院武汉岩土力学研究所	岩土工程
王梦如	373	7 111	39	北京交通大学	桥梁与隧道工程
孙钧	269	7 164	43	同济大学	桥梁与隧道工程
张勇	525	2 900	24	北京交通大学	城市规划与设计
姜韦华	4	110	28	中国人民解放军陆军工程大学（原解放军理工大学）	桥梁与隧道工程

续表

学者	成果数量/篇	被引数量/次	H指数/质量	单位	专业
周健	489	7 208	37	同济大学	岩土工程
杨林德	354	5 820	37	同济大学	桥梁与隧道工程
陈卫忠	209	3 841	28	中国科学院武汉岩土力学研究所	桥梁与隧道工程
高波	279	4 417	32	西南交通大学	桥梁与隧道工程

3. 2016年地下空间学术著作出版物一览表

书　　名	作者	出版社
地下工程绿色支护设计与施工	刘兴旺，施祖元	中国建筑工业出版社
地下结构抗浮	唐孟雄	中国建筑工业出版社
地下结构耐久性能及其评估	许宏发	中国建筑工业出版社
地下建筑结构(第三版)	朱合华	中国建筑工业出版社
城市地下综合体建设技术指南	徐日庆	中国建筑工业出版社
地下结构抗震分析及防灾减灾措施	滨田政则(著)；陈剑，加瑞(译)	中国建筑工业出版社
地下穿越施工技术	周松，陈立生	中国建筑工业出版社
地下工程盖挖法施工规程	—	中国建筑工业出版社
城市轨道交通地下结构防水设计与施工图集	张勇	中国建筑工业出版社
城市地下综合管廊工程规划与管理	刘应明	中国建筑工业出版社
城市地下综合管廊标准汇编	—	中国建筑工业出版社
深层地下空间开发利用技术指南	彭芳乐	同济大学出版社
城市地下空间信息化技术指南	李晓军	同济大学出版社
2015中国城市地下空间发展蓝皮书	陈志龙，刘宏	同济大学出版社
地下结构设计理论方法及工程实践	孙钧	同济大学出版社
地下结构	刘新宇	同济大学出版社
地下工程岩体涌突水注浆封堵机理实验研究	胡巍，綦建峰，钟华	武汉大学出版社
地下工程施工技术	付厚利，王清标，赵景伟	武汉大学出版社
地下工程岩土形变破坏机理与控制	陈洪凯	科学出版社

续表

书　　名	作者	出版社
地下道路立交建造与运营技术	蒋树屏	科学出版社
地下油库水封性评价方法与应用	李术才	科学出版社
城市地下空间规划法治研究——基于生态城市的面向	郭庆珠	中国法治出版社
地下铁道	彭立敏	中南大学出版社
城市公共地下空间安全可视化管理	吕明	中国标准出版社
地下铁道施工技术	蒋英礼	西南交大出版社
中渗透砂岩气藏地下储气库改建技术	钱根葆	石油工业出版社
流体—土—地下结构的双尺度动力分析方法研究	金炜枫	浙江大学出版社
既有人防工程损伤评估理论与修复技术	白二雷，许金余，郑飞	西北工业大学出版社
地下工程概论	马桂军	人民交通出版社股份有限公司
地下铁道	傅鹤林	人民交通出版社股份有限公司
城市地下空间设计	邵继中	东南大学出版社
地下工程平衡稳定理论与关键技术及应用	朱汉华	人民交通出版社股份有限公司
城市地下空间内部环境设计标准	—	中国计划出版社
地下工程测试技术	张蕾，丁祖德	中国水利水电出版社
城市地下铁道与轻轨交通	周晓军，周佳媚	西南交通大学出版社
现代城市地下空间开发—需求、控制、规划与设计	赵景伟	清华大学出版社

4. 2016 年“地下空间”自然科学基金统计表

项目名	负责人	依托单位	经费/万元
城市地铁施工安全风险动态分析与控制	郑宏	北京工业大学	290
防灾减灾工程及防护工程	吴昊	中国人民解放军陆军工程大学	130

续表

项目名	负责人	依托单位	经费/万元
地下水降落漏斗区地铁隧道的工程灾变机理及控制措施研究	童立元	东南大学	76
基于水楔侵彻方法的地铁盾构隧道 EPDM 密封垫长期服役性能研究	刘建国	同济大学	74
强震作用下饱和软土场地地下结构动力灾变机理及震后固结效应研究	崔春义	大连海事大学	67
荷载作用下纤维对地下结构带裂缝混凝土抗渗性能的影响	丁一宁	大连理工大学	63
考虑多尺度的富水软土地层地铁隧道群长期运营沉降预测方法	尹振宇	同济大学	63
地下结构柔性支护地震动响应特性研究	肖明	武汉大学	63
动边界作用下地铁火灾烟气蔓延与危害性演化的规律及控制策略研究	毛军	北京交通大学	62
基于 DFS 的地铁工程全生命期安全风险智能化预控方法研究	李启明	东南大学	62
地震及次生火灾灾害链作用下地下变电站的抗灾机制研究	文波	西安建筑科技大学	62
邻域土体卸荷—加载作用下现役地铁盾构隧道灾变机理研究	姚爱军	北京工业大学	61
超浅埋地铁暗挖车站新管幕结构力学特性及变形机制研究	赵文	东北大学	57
城市隧道地下结构动态时空力学响应及失效控制研究	王育平	山东科技大学	57
考虑火灾动态影响的地铁车站疏散设施系统优化配置理论与方法	蒋阳升	西南交通大学	53
地下多层人员密集场所多因素协同作用上行疏散速度模型研究	陈俊敏	西南交通大学	49
地铁建设安全事故背后的组织驱动因素与孵化机制研究	马永驰	大连理工大学	46
基于声学特征分析地下供水/排水管道安全状态的模式识别系统研究	冯早	昆明理工大学	40
可液化地基—地铁地下结构地震失效振动台实验与数值模拟	陈苏	中国地震局地球物理研究所	23

续表

项目名	负责人	依托单位	经费/万元
基于微损旋压钻进信息的地铁沿线病害土强度分析方法研究	吕祥锋	北京市市政工程研究院	22
基于定点锤击的地铁轨道减振效果评价方法研究	马蒙	北京交通大学	20
水利水电工程地下洞室施工危险源安全监测预警技术研究	蒋裕丰	河海大学	20
地铁对城市通达性的影响及其空间溢出效应——基于南京、杭州、南昌的对比研究	李志	江西师范大学	20
地下结构混凝土电化学沉积修复界面性能及其细观模型	陈庆	同济大学	20
不确定环境荷载作用下地铁盾构隧道结构易损性评价及设计优化方法	王飞	同济大学	20
面向地下管网安全监测的磁感应传感网关键技术研究	施文娟	盐城师范学院	20
平行地裂缝的地铁隧道地震响应及安全距离研究	刘妮娜	长安大学	20
基于 SPH-FVM 耦合方法的地下空间洪水漫延问题数值模拟研究	吴建松	中国矿业大学（北京）	20
爆炸荷载作用下 FRP 管混凝土地下拱结构抗爆性能与破坏机理研究	陈海龙	中国人民解放军陆军工程大学	20
盐岩地下储气库腔体收缩与地表变形时空转换机制研究	井文君	中国石油大学(华东)	20
模拟地下工程应力梯度作用下的岩爆机理研究	咨曼卿	武汉工程大学	19
地下工程裂隙煤岩体浆—水两相流注浆扩散机制研究	苏培莉	西安科技大学	19

数据来源：科学基金网络信息系统。

2016 年“地下空间”学术交流会议一览（含国际交流会议）

主题	名　称	时间	地点
地铁	站城共融，绿色宜居——地铁与城市空间一体化建设国际研讨会	7 月	北京
地下空间	2016 第四届中国（上海）地下空间开发大会	9 月	上海
地下空间	第 15 届国际地下空间联合研究中心年会	9 月	俄罗斯圣彼得堡
地下空间	第七届全国“城市地下空间工程”专业建设研讨会	11 月	郑州

续表

主题	名　　称	时间	地点
地下空间/综合管廊	2016中国城市地下空间+综合管廊+海绵城市+新理念新技术国际论坛	9月	北京
工程机械	第七届中国国际工程机械、建材机械、工程车辆及设备博览会	11月	上海
轨道交通	2016城市轨道交通关键技术论坛暨第25届地铁学术交流会	4月	深圳
人防/地下空间/地铁	第四次全国人防与地下空间大会暨地铁人防建设管理与技术研讨会	11月	北京
隧道	2016(第五届)国际桥梁与隧道技术大会	5月	上海
隧道	第七届全国运营安全与节能环保的隧道及地下空间学术研讨会	7月	贵阳
隧道	第十五届海峡两岸隧道与地下工程学术与技术研讨会	8月	长沙
隧道	2016中国隧道与地下工程大会暨中国土木工程学会隧道及地下工程分会第十九届年会	10月	成都
隧道/盾构/综合管廊	钢结构桥梁与隧道及盾构法管廊设计施工新技术国际论坛	12月	北京
综合管廊	城市地下综合管廊与非开挖技术国际学术报告会	4月	西安
综合管廊	2016中国城市地下综合管廊规划设计与施工关键技术论坛	5月	北京
综合管廊	2016中国城市地下综合管廊建设学术研讨会	7月	青岛
综合管廊	首届城市综合管廊高端技术研讨会	11月	北京
综合管廊	城市综合管廊和海绵城市建设与混凝土外加剂发展交流研讨会	12月	北京
综合管廊/盾构	2016第三届中国盾构工程技术学术研讨会暨地下空间综合管廊施工技术论坛	12月	北京

5. 城市地下空间灾害与事故统计资料

2016年中国城市地下空间事故与灾害统计一览表

序号	时间	灾害与事故类型	发生地点	伤亡人数		原因	发生场所
				死亡	伤		
1	1月1日	交通事故	北京市	0	0	乘客进入轨道运营正线	轨道交通
2	1月4日	市政(供水)	杭州市	0	0	自来水管线爆裂，水倒灌入地下车库	地下车库
3	1月5日	火灾	牡丹江市	0	0	地下商场卫生间失火	地下商场

续表

序号	时间	灾害与事故类型	发生地点	伤亡人数		原因	发生场所
				死亡	伤		
4	1月9日	火灾	上海市	0	0	一民宅地下仓库起火	地下仓库
5	1月10日	火灾	固原市	0	0	超市地下仓库起火	地下仓库
6	1月12日	施工事故	文山壮族苗族自治州	1	2	市政道路发生坍塌事故	地下市政
7	1月15日	施工事故	天津市	1	0	地铁施工发生坠落事故	轨道交通
8	1月19日	施工事故	广州市	1	0	发生起重伤害事故	轨道交通
9	1月20日	火灾	扬州市	0	0	儿童将点燃的鞭炮塞进地下车库	地下车库
10	1月21日	施工事故	广州市	1	0	发生施工伤害事故	轨道交通
11	1月25日	交通事故	香港特别行政区	0	0	地铁坠轨事故	轨道交通
12	1月26日	中毒事故	济南市	3	0	地下管沟在清理过程中发生工人中毒	地下市政
13	1月28日	交通事故	北京市	1	0	乘客进入轨道正线	轨道交通
14	2月1日	火灾	常州市	0	0	地下车库堆积的纸箱着火	地下车库
15	2月11日	交通事故	北京市	0	0	乘客进入轨道正线	轨道交通
16	2月12日	市政(供水)	牡丹江市	0	0	供水管漏水,倒灌车库	地下车库
17	2月14日	交通事故	北京市	1	0	乘客坠轨	轨道交通
18	2月17日	火灾	亳州市	0	0	具体原因未有详细报导	地下车库
19	2月18日	火灾(爆炸)	重庆市	0	0	轻轨车厢内黑色袋子突然发生爆炸	轨道交通
20	2月19日	火灾	延安市	0	0	居民楼地下仓库杂物着火	地下仓库
21	2月19日	施工事故	重庆市	3	0	发生坠落事故	轨道交通
22	2月25日	施工事故	合肥市	1	0	发生施工伤害事故	轨道交通
23	3月2日	交通事故	北京市	1	0	乘客跳轨	轨道交通
24	3月5日	施工事故	深圳市	1	0	坑底作业受伤	轨道交通
25	3月9日	施工事故	北京市	1	0	再生水厂工程发生坍塌事故	地下市政

续表

序号	时间	灾害与事故类型	发生地点	伤亡人数		原因	发生场所
				死亡	伤		
26	3月16日	施工事故	上海市	0	0	新挖地基出现消防水渗漏导致地基土坍塌	地下施工
27	3月20日	火灾	龙胜县	0	0	地下日用品仓库发生火灾	地下仓库
28	3月20日	火灾	南昌市	0	0	地下车库漏水引发电线短路造成火灾	地下车库
29	3月22日	火灾	杭州市	0	0	老化的线路起火并引燃衣服	地下仓库
30	3月25日	火灾	牡丹江市	0	0	具体原因未有详细报导	地下仓库
31	3月25日	火灾	绵阳市	0	0	数十商铺起火	地下商场
32	3月26日	火灾	北京市	0	3	小区物业防风扇起火引燃机房	地下车库
33	3月27日	施工事故	郑州市	1	0	发生触电事故	轨道交通
34	3月28日	施工事故	杭州市	1	0	发生坍塌事故	地下施工
35	3月29日	火灾	北京市	0	0	立体停车位最下层的车辆起火	地下车库
36	4月1日	施工事故	厦门市	1	0	发生机械伤害事故	地下施工
37	4月4日	火灾	天津市	0	0	地下车库里内值班室起火	地下车库
38	4月7日	火灾	池州市	0	0	地下车库内电瓶车起火	地下车库
39	4月7日	施工事故	黄山市	1	0	施工发生中毒和窒息事故	地下车库
40	4月13日	火灾	宿迁市	0	0	电动车短路引起火灾	地下车库
41	4月13日	施工事故	贵阳市	2	3	排污沟工程发生坍塌事故	人防工程
42	4月14日	施工事故	北京市	1	2	施工过失致人死亡	地下室
43	4月16日	火灾	重庆市	0	0	电缆沟电缆起火	地下市政
44	4月19日	火灾(施工)	泰安市	0	0	电焊施工作业点燃模壳引发火灾	地下车库
45	4月19日	施工事故	宁波市	1	0	市政工程施工发生坍塌事故	地下市政
46	4月21日	施工事故	南京市	2	1	地下车库坡道施工中支架坍塌致人被掩	地下施工
47	4月22日	火灾	漳州市	0	0	小汽车着火	地下车库

续表

序号	时间	灾害与事故类型	发生地点	伤亡人数		原因	发生场所
				死亡	伤		
48	4月22日	施工事故	温州市	1	0	隧道工程发生物体打击事故	隧道
49	4月23日	火灾	淮安市	0	0	电动车充电不当引发火灾	地下车库
50	4月23日	施工事故	东莞市	1	0	地下车库及基坑工程发生物体打击事故	地下施工
51	4月23日	坍塌事故	杭州市	0	0	雨水冲刷地下土层致地铁站施工处的路面塌陷	轨道交通
52	4月27日	交通事故	北京市	0	0	乘客坠轨	轨道交通
53	4月28日	施工事故	上饶市	1	0	污水管网建设工程发生坍塌事故	地下市政
54	4月28日	交通事故	北京市	1	0	乘客进入运营轨道正线	轨道交通
55	4月29日	火灾(施工)	上海市	2	4	地下空间改造过程中装修材料起火发生火灾	地下公共空间
56	4月30日	火灾	南宁市	0	0	具体原因未有详细报导	地下车库
57	5月3日	火灾	来宾市	0	0	车辆自燃引发火灾	地下车库
58	5月7日	水灾	广州市	0	0	暴雨量超出城市排水系统荷载,雨水倒灌车库	地下车库
59	5月9日	水灾	广州市	0	0	暴雨量超出城市排水系统荷载,雨水漫入车站	轨道交通
60	5月12日	坍塌事故	呼和浩特市	0	0	地下管道有跑水现象,路面发生沉降	地下市政
61	5月14日	施工事故	常州市	1	0	地铁工程发生坠落事故	轨道交通
62	5月15日	水灾	丽水市	0	0	强降雨,雨水倒灌车库	地下车库
63	5月17日	火灾	无锡市	0	0	电动车起火	地下车库
64	5月25日	火灾	邯郸市	0	0	高铁站地下车辆起火引发火灾	地下停车场
65	5月26日	施工事故	三明市	1	0	发生坍塌事故	地下市政
66	5月26日	地质灾害	遵义市	0	0	施工未对不良地质条件处理到位引发地陷	轨道交通

续表

序号	时间	灾害与事故类型	发生地点	伤亡人数		原因	发生场所
				死亡	伤		
67	5月29日	施工事故	广州市	1	0	发生坠落事故	轨道交通
68	5月31日	水灾	嘉兴市	0	0	强降雨	地下车库
69	6月1日	火灾	南京市	0	0	电动车起火引燃公用地下室储藏的杂物	地下仓储
70	6月2日	水灾	桃园市	0	0	大暴雨导致道路和部分地下设施严重淹水	机场地下空间
71	6月3日	火灾	三明市	0	0	具体原因未有详细报导	地下车库
72	6月3日	火灾	广州市	0	0	装修引起燃装修材料	地下室
73	6月4日	水灾	南宁市	0	0	强降雨	轨道交通
74	6月4日	施工事故	北京市	1	0	发生坍塌事故	地下室
75	6月5日	施工事故	青海省黄南藏族自治州	1	0	发生坍塌事故	地下市政
76	6月6日	施工事故	广州市	1	2	发生坍塌事故	地下室
77	6月10日	水灾	南京市	0	0	连续降雨引发地下车库伸缩缝处漏水严重	地下车库
78	6月13日	施工事故	咸宁市	1	0	发生坍塌事故	地下基坑施工
79	6月14日	水灾	柳州市	0	0	强降雨	地下车库
80	6月14日	施工事故	长春市	1	0	发生坠落事故	轨道交通
81 82	6月15日	水灾	株洲市	0	0	2处，暴雨倒灌地下车库	地下车库
83	6月16日	施工事故	乌鲁木齐市	1	0	发生触电事故	人防工程
84	6月18日	交通事故	武汉市	2	3	具体原因未有详细报导	地下道路（隧道）
85	6月20日	水灾	成都市	0	0	强降雨、缺乏预防措施	地下车库
86	6月21日	中毒事故	自贡市	1	1	工人被困地下垃圾库	地下市政
87	6月23日	水灾	南通市	0	0	大雨水淹地下车库抽水泵损坏	地下车库
88	6月23日	水灾	宜宾市	0	0	暴雨倒灌地下车库	地下车库
89	6月26日	火灾	宁波市	0	0	电瓶车起火并引燃周边杂物和轮胎	地下车库

续表

序号	时间	灾害与事故类型	发生地点	伤亡人数		原因	发生场所
				死亡	伤		
90	6月26日	施工事故	深圳市	1	0	发生坠落事故	轨道交通
91	6月28日	水灾	重庆市	0	0	暴雨倒灌隧道	隧道
92	6月28日	施工事故	苏州市	1	0	起重机吊运模板脱落击中工人	地下车库
93	6月29日	水灾	金华市	0	0	暴雨倒灌	地下仓库
94	7月2日	水灾	苏州市	0	0	暴雨倒灌	轨道交通
95	7月2日	水灾	武汉市	0	0	暴雨倒灌地下车库	地下车库
96	7月2日	施工事故	巴音郭楞蒙古自治州	3	1	发生坍塌事故	地下市政
97	7月3日	施工事故	赣州市	2	1	发生坍塌事故	地下市政
98	7月6日	水灾	武汉市	0	0	暴雨倒灌	地下道路
99	7月6日	水灾	武汉市	0	0	出入口设计不合理，暴雨倒灌地铁站	轨道交通
100 101	7月6日	水灾	武汉市	0	0	2处，暴雨倒灌	地下车库
102 103 104	7月7日	水灾	南京市	0	0	3处，暴雨倒灌	地下车库
105	7月7日	水灾	南京市	0	0	暴雨倒灌地铁站	轨道交通
106	7月7日	安全事件（爆炸）	台北市	0	25	人为“爆炸物”引发爆炸	轨道交通
107	7月8日	水灾	成都市	0	0	围墙被漫堤河水冲垮，小区停车场被淹	地下车库
108	7月8日	施工事故	南京市	1	0	发生机械伤害事故	轨道交通
109	7月8日	施工事故	杭州市	4	0	基坑施工过程中发生突涌事故	轨道交通
110	7月9日	施工事故	深圳市	1	0	发生物体打击事故	轨道交通
111	7月10日	施工事故	黄南藏族自治州	2	0	市政管网改建项目发生坍塌事故	地下市政
112	7月12日	水灾	南通市	0	0	遭遇暴雨袭击	地下车库
113	7月12日	水灾	济南市	0	0	雨水倒灌、地下室渗水、墙体开裂	地下车库
114	7月17日	火灾	北京市	0	0	地下储藏室起火	地下仓储

续表

序号	时间	灾害与事故类型	发生地点	伤亡人数		原因	发生场所
				死亡	伤		
115	7月19日	水灾	新乡市	0	0	雨水倒灌车库，缺乏预防措施	地下车库
116	7月20日	水灾	北京市	0	0	暴雨倒灌隧道	地下道路
117	7月21日	渗漏事故	南宁市	0	0	地下连续墙发生渗漏，地下水涌入深基坑	轨道交通
118	7月24日	水灾	西安市	0	0	遭遇暴雨袭击	轨道交通
119	7月24日	水灾	西安市	0	0	暴雨，地下二层车库被水淹、应急措施不到位	地下车库
120	7月24日	水灾	咸阳市	0	0	暴雨倒灌地下车库	地下车库
121	7月24日	坍塌事故	北京市	0	0	地下水管破裂引发地面塌陷	地下市政
122	7月29日	火灾	榆林市	0	0	具体原因未有详细报导	地下车库
123	7月29日	施工事故	重庆市	3	0	轨道施工发生坍塌事故	轨道交通
124	8月2日	水灾	广州市	0	0	暴雨倒灌地下车库	地下车库
125	8月2日	施工事故	福州市	1	0	发生物体打击事故	地下室
126	8月3日	施工事故	巴音郭楞蒙古自治州	1	0	发生坍塌事故	地下基坑施工
127	8月3日	施工事故	武汉市	1	0	发生触电事故	轨道交通
128	8月4日	水灾	扬州市	0	0	暴雨倒灌地下车库	地下车库
129	8月8日	火灾	烟台市	0	0	地下车库内汽车自燃引发火灾	地下车库
130	8月9日	施工事故	北京市	1	0	地铁施工发生起重伤害事故	轨道交通
131	8月10日	水灾	昆明市	0	0	暴雨倒灌地铁站工地致内部作业工人被困	轨道交通
132	8月10日	水灾	江门市	0	0	暴雨倒灌地下车库	地下车库
133	8月13日	施工事故	广州市	1	0	发生车辆伤害事故	轨道交通
134	8月13日	坍塌事故	东莞市	0	0	连日降雨致隧道上方砂层遇水软化	轨道交通
135	8月16日	施工事故	桂林市	1	0	发生坍塌事故	地下市政

续表

序号	时间	灾害与事故类型	发生地点	伤亡人数		原因	发生场所
				死亡	伤		
136	8月20日	水灾	南京市	0	0	排水泵被堵，暴雨倒灌地下车库	地下车库
137	8月21日	水灾	德州市	0	0	小区墙壁与地下车库连接处漏水严重	地下车库
138	8月21日	施工事故	哈尔滨市	1	0	具体原因未有详细报导	综合管廊
139	8月22日	施工事故	深圳市	1	0	发生触电事故	地下施工
140	8月25日	施工事故	重庆市	1	0	电梯井坠落致死亡	地下车库
141	8月26日	施工事故	南通市	1	0	发生物体打击事故	地下室
142	8月28日	施工事故	深圳市	1	0	具体原因未有详细报导	轨道交通
143	8月30日	施工事故	上饶市	1	0	雨污水管道施工工程发生坍塌事故	地下市政
144	8月30日	坍塌事故	兰州市	0	2	给排水管线陈旧老化致渗水、形成空洞引发坍塌	地下市政
145	9月1日	火灾	济南市	0	0	电瓶车充电器起火爆炸	地下室
146	9月1日	坍塌事故	西安市	0	1	供水管道破裂致地面突然塌陷	地下市政
147	9月5日	施工事故	福州市	1	0	发生坍塌事故	地下基坑施工
148	9月11日	火灾	马鞍山市	0	0	电瓶车充电短路引起火灾	地下仓库
149	9月11日	水灾	广州市	0	0	暴雨倒灌地下车库	地下车库
150	9月11日	施工事故	邢台市	1	1	发生坍塌事故	地下市政
151	9月13日	施工事故	湛江市	1	0	发生坍塌事故	地下基坑施工
152	9月14日	施工事故	铜仁市	1	1	发生坍塌事故	地下市政
153	9月15日	水灾	泉州市	0	0	暴雨灌入地下车库	地下车库
154	9月18日	施工事故	黄冈市	3	1	自来水改扩建工程发生坍塌事故	地下市政
155	9月21日	火灾	百色市	0	0	具体原因未有详细报导	地下车库

续表

序号	时间	灾害与事故类型	发生地点	伤亡人数		原因	发生场所
				死亡	伤		
156	9月22日	市政(供水)	鄂尔多斯市	0	0	小区自来水总管道断裂导致漏水事故	地下车库
157	9月28日	施工事故	齐齐哈尔市	1	0	发生坍塌事故	地下市政
158	10月1日	火灾	济南市	0	0	自燃车辆引燃其他车辆	地下车库
159	10月7日	施工事故	重庆市	1	0	发生坍塌事故	地下车库
160	10月12日	火灾	济南市	0	0	电动汽车拉线充电引起火灾	地下室
161	10月19日	施工事故	沈阳市	3	0	发生坍塌事故	轨道交通
162	10月20日	火灾	东营市	1	0	具体原因未有详细报导	地下室
163	10月21日	施工事故	南宁市	1	0	发生物体打击事故	地下室
164	10月22日	施工事故	武汉市	1	0	发生坠落事故	轨道交通
165	10月27日	火灾	南京市	0	0	地下车库易燃物品引发火灾	地下车库
166	10月27日	火灾	海门市	0	0	电动车充电引发火灾	地下车库
167	11月1日	施工事故	合肥市	1	0	发生坍塌事故	地下市政
168	11月5日	施工事故	济源市	1	0	发生物体打击事故	地下车库
169	11月6日	施工事故	天津市	1	0	发生机械伤害事故	地下车库
170	11月7日	施工事故	六盘水市	3	2	发生坍塌事故	隧道工程
171	11月8日	施工事故	南京市	1	0	发生坠落事故	轨道交通
172	11月18日	施工事故	福州市	3	0	发生坍塌事故	地下市政
173	11月22日	火灾	济南市	0	0	具体原因未有详细报导	地下车库
174	11月26日	施工事故	合肥市	1	0	电梯井坠落事故	地下室
175	12月8日	施工事故	赣州市	1	0	通风口坠落事故	地下室
176	12月14日	火灾	天津市	0	0	地铁站工人板房起火	轨道交通
177	12月19日	火灾	合肥市	0	0	地下停车场电表失火	地下车库
178	12月20日	施工事故	广州市	1	0	市政道路土方坍塌	地下市政
179	12月26日	安全事件	石家庄市	0	0	小区物业安保管理不当	地下车库
180	12月29日	火灾	台州市	0	2	地下储藏室着火	地下室

附录 D 地下空间详细规划技术术语

1. 地下空间详细规划 underground detailed plan

详细规划编制的组成部分，对规划区内地下空间开发利用各项控制指标提出规划控制和引导要求。

2. 地下空间平面布局 general horizontal layout of underground space

对规划区不同地块的城市地下空间功能及其形态进行分层布局组织。

3. 地下空间竖向布局 general vertical layout of underground space

对规划区内不同类型的城市地下功能设施空间进行竖向协调安排。

4. 地下空间规划控制指标 regulatory indexes of underground space planning

地下空间开发利用相关的控制要素和要求，包括强制性指标和引导性指标。

5. 地下空间建筑面积 floor area of underground space

地下建筑各楼层外边缘所包围的水平投影面积之和。

6. 地下空间控制线 boundary line of underground space use

地下空间开发建设用地范围的边界线。

7. 地下空间开发深度 depth of underground space development

地下空间分层开发所要求的地面以下控制深度。

8. 人防工程建筑面积 floor area of civil air defence works

人防工程建筑各层外缘所包围的水平投影面积之和，也称“人防建筑展开面积”。

9. 埋设深度 buried depth

从建筑物基础底面至地表的垂直距离。

10. 覆土厚度　covered thickness

地下建筑结构顶板顶面以上覆盖土的厚度。

11. 地下空间地面出入口　ground access and egress of underground space

地下建筑与地面的衔接部位,供人员和车辆进出。

12. 地下空间兼顾人民防空　civil air defence of underground space

为预防城市空袭造成的灾害,对普通地下空间设施按人民防空战术技术要求等相关标准规定增设相关防御措施。

13. 防护单元　protection unit

在防护区内,防护设施和内部设备均能自成体系使用空间。

[摘录自《城市地下空间利用基本术语标准》(JGJ/T 335—2014)]

关于城市经济、社会和城市建设等数据来源、选取以及收集采用的说明

1. 以该年度报告的 2017 年 6 月 30 日为统计数据截至时间。

2. 数据的权威性：报告所收集、采用的城市经济与社会发展等数据，均以城市统计网站、政府网站所公布的城市统计年鉴、政府工作报、统计公报告为准。根据数据发布机构的权威性，按统计年鉴——城市年鉴——政府工作报告——统计公报——统计局统计数据的次序进行收集采用。

3. 数据的准确性：原则上以该报告年度统计年鉴的数据为基础数据，但由于中国城市统计数据对外公布的时间有较大差异，因此，以时间为标准，按本年度年鉴——本年政府工作报告——本年统计公报——上一年度年鉴——上一年度政府工作报告——上一年度统计公报——统计局信息数据——平面媒体或各级官方网站的次序进行采用。

4. 多源数据的使用：因城市统计数据公布时间不一，报告的本年度部分深度数据缺失，而采用前一年度数据，或利用之前年度数据进行折算时，予以注明，并说明采用或计算方法。

5. 国外相关数据摘自各国政府公开数据。